Technische Thermodynamik

von

Ulrich Grigull

Dritte, erweiterte Auflage

Mit 75 Abbildungen

1977

Walter de Gruyter · Berlin · New York

SAMMLUNG GÖSCHEN 2170

Dr.-Ing. *Ulrich Grigull*,
o. Professor an der Technischen Universität München

CIP-Kurztitelaufnahme der Deutschen Bibliothek

Grigull, Ulrich
Technische Thermodynamik. – 3., erw. Aufl. – Berlin, New York : de Gruyter, 1977.
(Sammlung Göschen; Bd. 2170)
ISBN 3-11-006405-7

Inhaltsverzeichnis

Literaturübersicht

1. *Lehrbücher*

M. Planck: Vorlesungen über Thermodynamik. 11. Aufl. de Gruyter, Berlin 1964.

D. B. Spalding, S. Traustel, E. H. Cole: Grundlagen der technischen Thermodynamik. Vieweg, Braunschweig 1965.

E. A. Guggenheim: Thermodynamics. 5. Aufl. North-Holland-Publ. Co, Amsterdam 1967.

M. W. Zemansky: Heat and Thermodynamics. 5. Aufl. McGraw-Hill, New York 1968.

H. J. Löffler: Thermodynamik. 2 Bde. Springer, Berlin/Heidelberg/New York 1969.

Fr. Bošnjaković: Technische Thermodynamik. I. Teil 6. Aufl. 1972 und II. Teil 5. Aufl. 1971, Steinkopff, Dresden/Leipzig.

H. D. Baehr: Thermodynamik. 3. Aufl. Springer, Berlin/Heidelberg/New York 1973.

M. Päsler: Phänomenologische Thermodynamik. de Gruyter, Berlin/New York 1975.

E. Schmidt, K. Stephan, F. Mayinger: Technische Thermodynamik. 1. Bd. 11. Aufl. Springer, Berlin/Heidelberg/New York 1975.

2. *Tabellenwerke*

Landolt-Börnstein: Zahlenwerte und Funktionen aus Physik, Chemie, Astronomie, Geophysik und Technik. 6. Aufl. Springer, Berlin/Heidelberg/New York ab 1950.

B. P. Nikolski: Handbuch des Chemikers. 3 Bde., Verlag für Technik, Berlin 1956 bis 1958.

D'Ans-Lax: Taschenbuch für Chemiker und Physiker. 3 Bde. 3. Aufl. Springer, Berlin/Göttingen/Heidelberg 1964 bis 1967.

Properties of Water and Steam in SI-Units. Bearb. v. E. Schmidt. Springer, Berlin/Heidelberg/New York 1969.

3. *Göschenbände mit verwandtem Inhalt*

W. Döring: Einführung in die theoretische Physik. Bd 4: Thermodynamik. Berlin 1964.

H. Bock: Thermische Verfahrenstechnik. 3 Bde. Berlin 1963 bis 1965.

W. Endres: Verbrennungsmotoren. 2 Bde. Berlin 1968 u. 1966.

Häufig benutzte Formelzeichen

A Arbeit
A_t technische Arbeit
A_m maximale Arbeit
A_{mt} maximale technische Arbeit
a Schallgeschwindigkeit
C Wärmekapazität (C_v bei konstantem Volumen, C_p bei konstantem Druck)
E Energie
F freie Energie, Helmholtz-Funktion
F Querschnitt einer Düse
G freie Enthalpie, Gibbs-Funktion
g lokale Fallbeschleunigung
H Enthalpie
K Kraft
M molare Masse ($M = m/n$)
M_r relative Molekülmasse
m Masse
n Stoffmenge
O Oberfläche
p Druck
Q Wärme, Wärmemenge
R spezifische Gaskonstante
R_0 molare Gaskonstante
r spezifische Verdampfungsenthalpie
S Entropie
T thermodynamische oder Kelvin-Temperatur
t Celsius-Temperatur
U innere Energie

V	Volumen
w	Geschwindigkeit
x	Dampfgehalt
x	Wassergehalt (feuchter Luft)
z	Höhe
α	Ausdehnungskoeffizient
β	Spannungskoeffizient
γ	Molenbruch
ε	Leistungsziffer
η	Wirkungsgrad
$\varkappa$	Isentropenexponent
ξ	Massenverhältnis
ϱ	Dichte ($\varrho = m/V = 1/v$)
σ	Oberflächenspannung
χ	Kompressibilität
ψ	Ausflußkoeffizient

Spezifische Größen sind durch Kleinbuchstaben (z.B. f, g, h, s, u, v), molare Größen durch überstrichene Großbuchstaben (z.B. $\bar{F}$, $\bar{G}$, $\bar{H}$, $\bar{S}$, $\bar{U}$, $\bar{V}$) gekennzeichnet. Ausnahmen sind die molare Masse M und die molare Gaskonstante R_0. — Die Einheit der Kelvin-Temperatur T und der Temperaturdifferenzen ΔT und Δt ist das Kelvin (Einheitenzeichen K). Bei Angabe von Celsius-Temperaturen wird die Einheit Grad Celsius (Einheitenzeichen °C) als besonderer Name für das Kelvin verwendet (DIN 1345).

Konstanten der Physik

Größe	*Formelzeichen und Wert*	*Meß-unsicherheit* (ppm)
Vakuumlichtgeschwindigkeit	$c = 299\ 792\ 458\ (1{,}2)$ m/s	0,004
Elementarladung	$e = 1{,}6021892(46) \cdot 10^{-19}$ As	2,9
Planck-Konstante	$h = 6{,}626176(36) \cdot 10^{-34}$ Js	5,4
Avogadro-Konstante	$N_A = 6{,}022045(31) \cdot 10^{23}$ mol^{-1}	5,1
Faraday-Konstante	$F = e\,N_A = 9{,}648456(27) \cdot 10^{4}$ As/mol	2,8
Molare Gaskonstante	$R_0 = 8{,}31441(26)$ J/(mol K)	31
Normtemperatur	$T_n = 273{,}15$ K	—
Normdruck	$p_n = 101\ 325$ Pa	—
Molares Normvolumen des idealen Gases	$\overline{V}_n = R_0\,T_n/p_n = 22{,}41383(70)$ m^3/kmol	31
Boltzmann-Konstante	$k = R_0/N_A = 1{,}380662(44) \cdot 10^{-23}$ J/K	32
Stefan-Boltzmann-Konstante	$\sigma = 2\pi^5\,k^4/(15\,h^3\,c^2) = 5{,}67032(71) \cdot 10^{-8}$ W/(K^4 m^2)	125
1. Strahlungskonstante	$c_1 = 2\pi\,h\,c^2 = 3{,}741832(20) \cdot 10^{-16}$ W m^2	5,4
2. Strahlungskonstante	$c_2 = h\,c/k = 0{,}01438786(45)$ K m	31
Gravitationskonstante	$G = 6{,}6720(41) \cdot 10^{-11}$ Nm^2/kg^2	615
Normfallbeschleunigung	$g_n = 9{,}80665$ m/s^2	—

Die in Klammern stehenden Ziffern, die einem Zahlenwert folgen, bedeuten die einfache Standardabweichung dieses Zahlenwerts, ausgedrückt in seinen letzten Ziffern.
Beispiel: $R_0 = 8{,}31441(26)$ J/(mol K) $= (8{,}31441 \pm 0{,}00026)$ J/(mol K).

Quelle: Codata Bulletin 11. Recommended Consistent Values of the Fundamental Physical Constants, 1973.

Einleitung

Die technische Thermodynamik hat vor allem zwei Anwendungsgebiete: 1. sie liefert die Theorie der thermischen Kraft- und Arbeitsmaschinen, indem sie Wärme- und Arbeitsumsatz idealisierter Prozesse zu berechnen gestattet und so einen Vergleich mit den Vorgängen in der wirklichen Maschine möglich macht (äußere Thermodynamik); 2. sie ermöglicht es, Zustandsgleichungen oder Zustandsdiagramme der Arbeitsmedien mit einer verhältnismäßig geringen Zahl von experimentellen Ausgangsdaten unter Benutzung der thermodynamischen Konsistenz aufzustellen (innere Thermodynamik). – Die unter 1. genannte Fragestellung ist zugleich der historische Ausgangspunkt der Thermodynamik, denn Sadi Carnot (1824) wollte die theoretische Arbeit einer Dampfmaschine berechnen. Die Äquivalenz von Wärme und Arbeit wurde von Julius Robert Mayer (1842) zuerst erkannt und von James Prescott Joule (1843) experimentell nachgewiesen. – Eng verwandt mit der technischen ist die chemische Thermodynamik, die sich mit den Gesetzen des chemischen Gleichgewichts und seiner Berechnung beschäftigt. Die Grundlagen der Thermodynamik in dem hier behandelten Sinne (klassische Thermodynamik) sind seit dem Anfang dieses Jahrhunderts bekannt. Der Anwendungsbereich ist seitdem stark erweitert worden und die Art, Thermodynamik zu lehren und zu lernen unterliegt einer ständigen Entwicklung.

I Grundbegriffe

„Thermodynamik ist die Lehre von den Zustandsänderungen thermodynamischer Systeme unter dem Einfluß von Wärme und Arbeit“. Einzelne Teile dieses Satzes werden im folgenden erläutert.

§ 1 Thermodynamisches System

Ein thermodynamisches System ist eine Stoffmenge beliebiger Zusammensetzung, deren Zustand durch eine endliche Zahl von makroskopischen Parametern, den sogenannten Zustandsgrößen, eindeutig bestimmbar ist und die mit der Umgebung Wärme und Arbeit austauschen kann. — Aus dieser Erklärung geht hervor, daß Thermodynamik (im hier behandelten Sinne) eine Kontinuumswissenschaft ist, da sie nur mit makroskopischen Größen arbeitet. Der molekulare, atomare oder nukleare Aufbau der Materie bleibt unberücksichtigt, und die Aussagen der Thermodynamik hängen nicht vom Stand unserer Kenntnis über den Feinbau der Materie ab.

Unter dem Zustand eines thermodynamischen Systems versteht man die Gesamtheit der Zustandsgrößen. Häufig verwendete Zustandsgrößen sind z. B. Masse, Druck, Volumen, Temperatur.

Das sogenannte einfache thermodynamische System ist ein homogener und isotroper Körper, der aus einer einzigen Komponente besteht. Sein Zustand läßt sich erfahrungsgemäß durch drei Zustandsgrößen eindeutig kennzeichnen. Oft wird die Masse des Systems stillschweigend als bekannt vorausgesetzt; dann genügen zwei weitere Zustandsgrößen, z. B. Druck und Volumen oder Druck und Temperatur. Das einfache System kann auch aus mehreren miteinander chemisch nicht reagierenden Komponenten bestehen, die sich wie ein einheitlicher Stoff verhalten, z. B. Luft.

Ist das System nicht homogen, so kann man versuchen, es in mehrere homogene Teilsysteme, die sogenannten Phasen, zu zerlegen, z. B. Wasser und Wasserdampf in einem Kessel. Besitzt das System unbegrenzt viele Diskontinuitäten, so ist sein Zustand nicht mehr angebbar und das System ist (u. U. vorübergehend) kein thermodynamisches System. Wir betrachten als Beispiel einen evakuierten Behälter, der plötzlich mit der Außenluft verbunden wird. Während des Einströmens der Luft wird es im allgemeinen nicht möglich sein, den Zustand des Systems eindeutig zu beschreiben. Dies gelingt erst wieder, nachdem die eingeströmte Luft sich beruhigt hat. Die Thermodynamik kann nur Beziehungen zwischen eindeutig beschreibbaren Zuständen aufstellen. Der Übergang des Systems von einem derartigen Zustand in einen anderen ist eine Zustandsänderung.

Eine Folge von Zustandsänderungen nennt man einen Prozeß. Hat das System nach Durchlaufen mehrerer Zustandsänderungen wieder den ursprünglichen Zustand erreicht, so hat es einen Kreisprozeß durchgemacht. Dann müssen auch alle Zustandsgrößen des Systems wieder ihren alten Wert angenommen haben ohne Rücksicht auf die Art des Kreisprozesses. Bildet man das sogenannte Umlaufintegral einer Zustandsgröße Z, d.h. integriert man über einen geschlossenen Weg, so muß immer gelten

$$\oint dZ = 0 \qquad (1)^*$$

Zustandsgrößen sind demnach solche physikalischen Größen, für die Gl. (1) gilt.

An den Grenzen eines thermodynamischen Systems (das wir der Kürze halber mit System bezeichnen wollen), müssen definierte Bedingungen herrschen. Die Systemmasse kann während einer Zustandsänderung konstant bleiben (geschlossenes System), oder es kann über die Systemgrenzen Masse ein- oder ausströmen (offenes System). Das System kann während einer Zustandsänderung Wärme aufnehmen oder abgeben (diabates System) oder gegen Wärmefluß isoliert sein (adiabates System). Der Kürze halber spricht man auch von diabaten oder adiabaten Zustandsänderungen. Ferner kann das System aus der Umgebung Arbeit auf-

* Die Formelzählung beginnt in jedem Hauptabschnitt (gekennzeichnet durch römische Ziffern) mit Gl. (1). Nur bei Verweisung auf Gleichungen eines anderen Hauptabschnittes wird dessen Ziffer angegeben [z. B. Gl. (II 3)].

nehmen oder an diese abgeben, etwa durch Verschiebung der Systemgrenzen, oder es kann arbeitsdicht abgeschlossen sein, etwa durch starre Grenzen. Ein System, dessen Grenzen für Masse, Wärme und Arbeit dicht sind, nennen wir ein vollständig abgeschlossenes System.

Bei thermodynamischen Betrachtungen besteht in der Wahl der Systemgrenzen eine gewisse Freiheit. Man wird die Systeme so abzugrenzen versuchen, daß sich für die Zustandsänderungen möglichst einfache Ausdrücke ergeben. Die Systemgrenzen können etwa gelegt werden: um Zylinder und Kolben eines Dieselmotors; um ein Dampf- oder Gasturbinenkraftwerk; um Brennkammer und Düse einer Rakete; um Verdampfer, Verdichter und Kondensator einer Kälteanlage.

Teilt man ein homogenes System in zwei gleiche Teilsysteme, so findet man zwei Arten von Zustandsgrößen. Die einen, intensive oder Qualitätsgrößen genannt, haben ihren Wert behalten, wie Druck und Temperatur; die anderen, extensive oder Quantitätsgrößen genannt, haben in jedem Teilsystem nur noch den halben Wert, wie Masse oder Volumen. Eine extensive Zustandsgröße eines Systems ist demnach gleich der Summe dieser Zustandsgrößen in den Teilsystemen. Die extensive Zustandsgröße ist der Masse proportional, die intensive Zustandsgröße von der Masse unabhängig. Ursache von Zustandsänderungen können nur Unterschiede intensiver Zustandsgrößen sein, z. B. Druck- oder Temperaturunterschiede. Man bezeichnet solche Größenunterschiede auch als die „treibenden Kräfte“ von Zustandsänderungen.

§ 2 Temperatur, Gleichgewicht

Die Temperatur wird als neue Basisgröße der Thermodynamik eingeführt. Sie gilt damit ebenso als definiert wie die drei Basisgrößen der Mechanik Länge, Masse, Zeit, so daß wir nur die Eigenschaften der Größe Temperatur zu behandeln brauchen.

Folgende Beobachtungen führten dazu, eine neue Basisgröße einzuführen: Zwei Systeme, die durch eine diabate (wärmedurchlässige) Wand miteinander in Verbindung stehen, verändern ihren Zustand, sofern das eine System wärmer oder kälter als das andere ist. Für die Unterscheidung zwischen wärmer oder kälter genüge zunächst unser Tastsinn. Es gibt offenbar eine intensive Größe, die Zustandsänderungen verursacht, welche nicht mehr in den Bereich der Mechanik gehören.Diese Größe wird Temperatur genannt. Auf ihre genauere Bestimmung gehen wir später ein.

Überläßt man die beiden Systeme, die gegen die Umgebung adiabat (wärmedicht) abgeschlossen sein sollen, genügend lange sich selbst, so erlischt allmählich die Zustandsänderung und beide Systeme nehmen die gleiche Temperatur an. Man sagt, beide Systeme befinden sich miteinander im thermischen Gleichgewicht. Durch Fortsetzung dieses Experiments findet man, daß zwei Systeme, die mit einem dritten System im thermischen Gleichgewicht stehen, auch miteinander im thermischen Gleichgewicht stehen. Die drei Systeme haben die gleiche Temperatur. Man nennt die Einführung des Gleichgewichtaxioms und der Temperatur als Basisgröße auch den nullten Hauptsatz der Thermodynamik.

Zur Messung der Temperatur eines Systems benutzt man die Einstellung des thermischen Gleichgewichts mit dem Temperaturmeßgerät (Thermometer), das hier als zweites System anzusehen ist. Die gemeinsame Temperatur von System und Thermometer wird bestimmt, indem man eine physikalische Größe des Thermometers mißt, welche von der Temperatur abhängt, z. B. den elektrischen Widerstand, die Thermokraft oder das Volumen der Thermometersubstanz. Die so gemessenen Temperaturen nennt man empirische Temperaturen, weil ihr Wert von den Eigenschaften des Thermometers abhängt. Verwendet man als Thermometersubstanz verdünnte Gase, insbesondere Wasserstoff oder Helium, so erhält man eine Temperaturanzeige, die bei hinreichend kleinen Drücken stoffunabhängig ist. Nur eine solche stoffunabhängige Temperatur ist für thermodynamische Ableitungen brauchbar, da auch diese Ableitungen für beliebige Stoffe gelten. Man nennt diese Temperatur die thermodynamische Temperatur (Formelzeichen T). Sie läßt sich, wie später gezeigt werden soll, auch allein aus den Gesetzen der Thermodynamik herleiten. Die oben erwähnten empirischen Temperaturen werden als Approximationen der thermodynamischen Temperatur angesehen.

Die Einheit der thermodynamischen Temperatur ist das Kelvin (Einheitenzeichen K). Es gilt nach Definition

$$1\,\mathrm{K} = T_\mathrm{T}/273{,}16 \qquad (2)$$

Hierin bedeutet T_T die thermodynamische Temperatur des Tripelpunktes von reinem Wasser, das ist die Gleichgewichtstemperatur des dreiphasigen Systems Eis, Wasser, Dampf (vgl. V § 4). Der Zahlenwert in Gl. (2) ist so gewählt, daß der Temperaturunterschied zwischen Dampfpunkt und Eispunkt (der früher sogenannte Fundamentalabstand) im Rahmen der Meßgenauigkeit 100 K beträgt. Dabei ist der Dampfpunkt die Gleichgewichtstemperatur zwischen Wasser und Dampf beim Druck 1 atm = 101 325 Pa und der Eispunkt die Gleichgewichtstemperatur zwischen Eis und luftgesättigtem Wasser beim Druck 1 atm = 101 325 Pa.

Die thermodynamische Temperatur T, deren Nullpunkt mit dem sogenannten absoluten Nullpunkt der Temperatur zusammenfällt, wird auch Kelvin-Temperatur genannt. Mit der in Gl. (2) definierten Einheit ergeben sich im Bereich der Umgebungstemperatur unbequem hohe Zahlenwerte. Man verwendet daher eine zweite Temperatur mit verschobenem Nullpunkt, die

Celsius-Temperatur t. Es besteht die Beziehung

$$T - T_0 = t \tag{3}$$

Hierin ist $T_0 = 273{,}15$ K; dieser Wert entspricht im Rahmen der Meßgenauigkeit der Temperatur des Eispunkts. Bei Angabe von Celsius-Temperaturen wird die Einheit Grad Celsius (Einheitenzeichen °C), die gleich der Einheit Kelvin ist, verwendet (DIN 1345). Dagegen ist die Einheit Kelvin (K) auch die Einheit der Temperaturdifferenzen und -intervalle ΔT und Δt.

Die Verwirklichung der thermodynamischen Temperatur erfordert einen beträchtlichen Aufwand an Meßgeräten, der für praktische Zwecke nicht tragbar wäre. Man hat daher die Internationale Praktische Temperaturskala geschaffen, die im Rahmen der heute erreichbaren Meßunsicherheiten mit der thermodynamischen Temperatur übereinstimmt. Die neueste dieser Skalen stammt von 1968 (abgekürzt IPTS-68) und beruht auf 11 Fixpunkten (vgl. nachstehende Tabelle) und bestimmten Temperaturmeßverfahren mit festgelegten Interpolationsformeln für die Auswertung. Zwischen den Temperaturen − 259,34 °C und 630,74 °C (Erstarrungspunkt von Antimon als sekundärer Fixpunkt) ist ein Platinwiderstandsthermometer vorgeschrieben, von 630,74 °C bis 1064,43 °C dienen ein Platin-Platin/Rhodium-Thermoelement und darüber ein Spektralpyrometer als Temperaturmeßgeräte. Die in der IPTS-68 bestimmten Werte der thermodynamischen und der Celsius-Temperatur werden mit T_{68} und t_{68} bezeichnet. Die Siede- und Erstarrungspunkte gelten, soweit nichts anderes vermerkt, beim Druck $p = 1$ atm $= 101\,325$ Pa. Mit $\Delta T_{p8} = \Delta t_{p8}$ sind die geschätzten Unsicherheiten gegenüber der thermodynamischen Temperatur bezeichnet (vgl. PTB-Mitt. Bd. 79 (1969), S. 123/125 und Metrologia, Bd. 5 (1969), S. 35/44).

Wir gehen nochmals auf den Begriff des thermischen Gleichgewichts ein, das durch Gleichheit der intensiven

Internationale Praktische Temperaturskala von 1968 (IPTS-68)

Definierender Fixpunkt (Gleichgewichtszustand)	Zugeordneter Wert		Unsicherheit
	T_{68} in K	t_{68} in °C	$\Delta T_{68} = \Delta t_{68}$ in K
Tripelpunkt von Wasserstoff	13,81	− 259,34	± 0,01
Siedepunkt von Wasserstoff bei $p = 25/76$ atm = 33 330,6 Pa	17,042	− 256,108	± 0,01
Siedepunkt von Wasserstoff	20,28	− 252,87	± 0,01
Siedepunkt von Neon	27,102	− 246,048	± 0,01
Tripelpunkt von Sauerstoff	54,361	− 218,789	± 0,01
Siedepunkt von Sauerstoff	90,188	− 182,962	± 0,01
Tripelpunkt von Wasser	273,16	0,01	genau nach Def.
Siedepunkt von Wasser	373,15	100	± 0,005
Erstarrungspunkt von Zink	692,73	419,58	± 0,03
Erstarrungspunkt von Silber	1 235,08	961,93	± 0,2
Erstarrungspunkt von Gold	1 337,58	1 064,43	± 0,2

Zustandsgröße Temperatur innerhalb der Systemgrenzen gekennzeichnet war. Auch jede andere intensive Zustandsgröße kann einen Gleichgewichtszustand herstellen, wenn sie sich innerhalb der Systemgrenzen ausgleicht. So ist das mechanische Gleichgewicht durch den Ausgleich des Druckes, das chemische Gleichgewicht durch den Ausgleich des sogenannten chemischen Potentials (das auch „chemischer Druck“ genannt wird) gekennzeichnet. Ein System im Gleichgewicht verändert ohne Eingriff von außen seinen Zustand nicht mehr.

Den in § 1 erwähnten eindeutig beschreibbaren Zustand eines Systems können wir jetzt als Gleichgewichtszustand kennzeichnen. Eine Gleichung zwischen Zustandsgrößen nennen wir eine Zustandsgleichung. Eine derartige Gleichung ist der mathematische Ausdruck für die möglichen Gleichgewichtszustände eines Systems.

Die Einstellung eines Gleichgewichts, d. h. der Ausgleich der zugehörigen intensiven Zustandsgröße, kann gehindert sein. Wir sagen dann, das System befindet sich im gehemmten Gleichgewicht. Diese Hemmungen können von zweierlei Art sein. Eine feste Wand kann den Druckausgleich, eine adiabate Wand den Temperaturausgleich verhindern. Andererseits kann sich das Gleichgewicht so langsam einstellen, daß in den betrachteten Zeitabschnitten keine merkliche Zustandsänderung zu beobachten ist. Beispielsweise kann sich ein Knallgasgemisch (Wasserstoff und Sauerstoff) praktisch beliebig lange im mechanischen und thermischen Gleichgewicht befinden, ohne daß das chemische Gleichgewicht eingestellt ist. Beseitigt man die Hemmung (im letzten Beispiel etwa durch einen Zündfunken), so strebt das System oft sehr rasch einem neuen Gleichgewichtszustand zu. Sind sämtliche möglichen Teilgleichgewichte eingestellt, so befindet sich das System im thermodynamischen Gleichgewicht.

Greifen an dem System Massenkräfte an (z. B. Schwerkraft oder Zentrifugalkraft), so sind auch im Gleichgewichtszustand intensive Größen innerhalb des Systems nicht ausgeglichen. Ein Beispiel ist eine Gassäule (Atmosphäre) im Schwerefeld (vgl. III § 1), deren Druck bekanntlich nach oben abnimmt.

§ 3 Energie, Arbeit, Wärme

Aus der Mechanik sind uns die Begriffe kinetische und potentielle Energie eines Systems vertraut. Besitzt das System die Masse m und bewegt es sich im ganzen mit der Geschwindigkeit w, so ist seine kinetische Energie $E_{\text{kin}} = m\,w^2/2$. Befindet es sich im Schwerkraftfeld mit der konstanten Fallbeschleunigung g in der Höhe z über einem Nullniveau, so ist seine potentielle Energie $E_{\text{pot}} = m\,g\,z$. Beide Energiearten sind der Masse proportional und damit extensive Größen. In der Thermodynamik wird eine weitere Energieart verwendet, die innere Energie U, die später durch den ersten Hauptsatz definiert werden wird. Während E_{kin} und E_{pot} von den sogenannten äußeren Parametern des Systems w und z abhängen, ist U allein eine Funktion der inneren Parameter, nämlich der thermodynamischen Zustandsgrößen. Die Gesamtenergie eines Systems ist danach

$$E = E_{\text{kin}} + E_{\text{pot}} + U \tag{4}$$

Wenn diese Gleichung einen Sinn haben soll, muß auch U eine extensive Zustandsgröße, also der Masse proportional sein. Wir werden im folgenden vorwiegend Systeme betrachten, deren Gesamtenergie innere Energie ist. In dem Abschnitt über Gasdynamik werden Systeme mit kinetischer und innerer Energie behandelt. Systeme mit potentieller und innerer Energie treten z. B. in der Meteorologie auf.

Die Energie eines Systems kann durch Zu- oder Abfuhr von Arbeit und Wärme geändert werden. Danach sind Arbeit und Wärme Formen der Energie, die nur an den Systemgrenzen auftreten. Wir betrachten zunächst die Zu- und Abfuhr von Arbeit, und zwar die in der technischen Thermodynamik häufigste Art, die in Abb. 1 erläutert wird. In einem Zylinder, der von einem reibungsfrei beweglichen Kolben abgeschlossen wird, herrsche der Druck p (der Außendruck sei gleich Null angenommen). Wird das Zylindervolumen V durch die Bewegung des Kolbens um $\mathrm{d}V$ vergrößert, so gibt das System an die Umgebung die Arbeit $\mathrm{d}A = p\,\mathrm{d}V$ ab.

Zur besseren Veranschaulichung denken wir uns diese Arbeit über irgendeinen Mechanismus (hier Zahnrad) als potentielle Energie einer Masse m in der Umgebung gespeichert. Es gilt also auch $\mathrm{d}A = m\,g\,d\,z$.

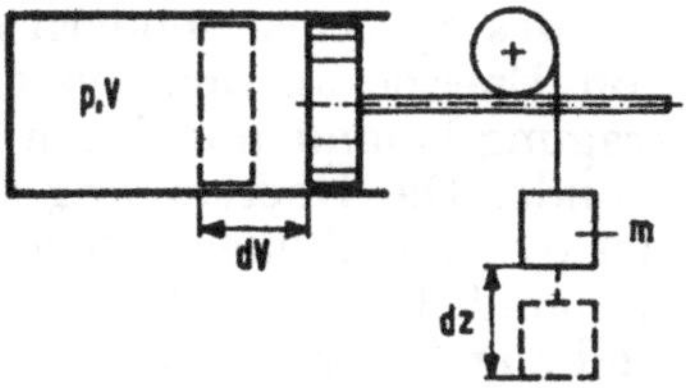

Abb. 1. Volumenarbeit

Das System kann auch auf andere Weise Arbeit mit der Umgebung austauschen, indem andere Koordinaten (d. h. Zustandsgrößen) betätigt werden. Einem gespannten Stab, der sich unter dem Einfluß der Kraft K (etwa in einer Zerreißmaschine) um den Betrag $\mathrm{d}l$ verlängert, wird die Arbeit $-\mathrm{d}A = K\,\mathrm{d}l$ zugeführt. Wird die Oberfläche O eines Systems, an der die Grenzflächenspannung σ herrscht, um den Betrag $\mathrm{d}O$ vergrößert, so führt man dem System die Arbeit $-\mathrm{d}A = \sigma\,\mathrm{d}O$ zu. Wir verstehen danach unter Zu- oder Abfuhr von Arbeit einen Energieaustausch mit der Umgebung derart, daß vom System geleistete (abgegebene) Arbeit als gehobenes Gewicht in der Umgebung gespeichert, dem System zugeführte (am System geleistete) Arbeit der Umgebung durch Senken eines Gewichts entnommen werden kann. Abgegebene Arbeit wird positiv gezählt. Es hängt vom System ab, welche seiner Koordinaten bei der Zu- oder Abfuhr von Arbeit betätigt werden.

Auch unter Wärme verstehen wir die Systemgrenze passierende Energie, jedoch mit der Besonderheit, daß diese Energieübertragung allein durch Temperaturunterschiede zustande kommt. Ein Temperaturunterschied ist demnach die treibende Kraft für eine Wärmeübertragung. Wärme ist die energetische Wechselwirkung zwischen zwei Systemen verschiedener Temperatur (wobei das zweite System auch die Umgebung sein kann). Einem System zugeführte Wärme wird positiv gezählt.

Wir fassen zusammen: Energie ist eine Eigenschaft des Systems. Arbeit und Wärme sind keine Eigenschaften des Systems, sondern stellen Übertragungsformen von Energie an den Systemgrenzen dar. Wärmeübertragung kommt nur durch Temperaturunterschiede zustande. Die Übertragung von Arbeit durch Änderung des Systemvolumens ist der in der technischen Thermodynamik häufigste Fall. Geleistete (abgeführte) Arbeit und zugeführte Wärme werden positiv gezählt.

§ 4 Größen und Einheiten

Die Formelzeichen bedeuten in diesem Buche grundsätzlich physikalische Größen. Ausnahmen werden besonders gekennzeichnet. Physikalische Größen (kurz Größen genannt) sind meßbare Eigenschaften von Dingen, Vorgängen oder Zuständen, nicht aber Dinge, Vorgänge oder Zustände selbst (DIN 1313). Ein thermodynamisches System ist keine Größe, wohl aber Volumen, Masse, Temperatur. Eine Größe hat zwei wichtige Eigenschaften: der Wert einer Größe hängt nicht von der gewählten Einheit ab, d. h. die Größe ist invariant gegen Einheitenwechsel; eine Größe läßt sich als Produkt aus Zahlenwert und Einheit schreiben. Wir betrachten folgendes Beispiel. Die mittlere Geschwindigkeit w ist als Quotient aus dem zurückgelegten Weg s und der benötigten Zeit t definiert. Beträgt in einem bestimmten Fall $s = 200$ km und $t = 4$ h, so kann man schreiben

$$w = \frac{s}{t} = \frac{200\ \mathrm{km}}{4\ \mathrm{h}} = 50\,\frac{\mathrm{km}}{\mathrm{h}} = 13{,}9\,\frac{\mathrm{m}}{\mathrm{s}} = 27{,}0\,\frac{\mathrm{sm}}{\mathrm{h}} = \ldots$$

Man gelangt von einer Einheit zur anderen durch Einsetzen der Einheitenbeziehungen, z. B. Seemeile (sm) = 1,852 km.

Gleichungen zwischen Größen sind Größengleichungen. Sie gelten unabhängig von bestimmten Einheiten, so daß es überflüssig, ja mißverständlich wäre, zu einer Größengleichung Einheiten anzugeben. Durch die Verwendung von Größengleichungen kommt zum Ausdruck, daß unsere Naturgesetze nicht von der zufälligen Wahl der Einheiten abhängen.

Damit sind keine bestimmten Einheiten oder Einheitensysteme vorgeschrieben und man kann sich für ein Gebiet die zweckmäßigsten Einheiten auswählen. Da die Thermodynamik von „Zustandsänderungen ... unter dem Einfluß von Wärme und Arbeit" handelt, wird man z. B. eine Energieeinheit bevorzugen, die eine einfache Umrechnung zwischen den verschiedenen Arten von Energie und der Arbeit und der Wärme gestattet. Das ist die Energieeinheit des Internationalen Einheitensystems, das Joule (sprich dschul), mit dem Kurzzeichen J, für das nach Definition folgende Beziehung besteht

$$J = Ws = Nm = kg\, m^2/s^2$$

Es sind also keine Umrechnungsfaktoren erforderlich, um mechanische, elektrische und thermische Größen ineinander umzurechnen. Aus diesem Grunde werden wir in diesem Buche die Einheiten des Internationalen Einheitensystems (auch SI-Einheiten genannt) bevorzugen. Die mitgeteilten Größengleichungen gelten aber für beliebige, kohärente oder nichtkohärente Einheiten.

Da die Temperatureinheit Kelvin schon behandelt ist, sei noch kurz auf die Einheiten des Druckes und auf weitere Energieeinheiten eingegangen. Die SI-Einheit des Druckes ist das Newton/Meterquadrat (N/m^2) gleich Pascal (Pa). Da diese Einheit wegen ihrer Kleinheit unbequem hohe Zahlenwerte ergibt, definiert man

$$1\ \text{Bar (bar)} = 10^5\ N/m^2 = 10^5\ Pa$$

Daneben gibt es noch die älteren Druckeinheiten technische Atmosphäre (at) und physikalische Atmosphäre (atm), die sich nur um wenige Prozent vom Bar unterscheiden. Sie sind für eine Übergangszeit noch als gesetzliche Einheiten zugelassen.

Die Einheit der Wärmemenge war ursprünglich die Kalorie (cal), definiert durch die Stoffeigenschaften von Wasser, also zu keinem Einheitensystem zugehörig. Da heute Wärme, Arbeit und Energie als Größen gleicher Art angesehen werden, ist die Kalorie durch die Definition cal = 4,1868 J an die SI-Einheiten angeschlossen. Weitere Druck- und Energieeinheiten sind im Anhang angegeben (Tabelle 1 und 2).

II Erster Hauptsatz

§ 1 Mathematische Formulierung

Um einen Zusammenhang zwischen Wärme und Arbeit zu finden, führen wir folgende Gedankenexperimente aus, wie sie im Prinzip von J. P. Joule (1843) angestellt worden sind. Das System bestehe aus einer bestimmten Menge Wasser, es ist also geschlossen; sein Zustand ist eindeutig durch die Temperatur und den unveränderlichen Atmosphärendruck bestimmt. Durch Berührung mit einem heißeren Körper (etwa der Flamme eines Bunsenbrenners) führen wir dem System Wärme zu und beobachten am Thermometer einen Temperaturanstieg als Kennzeichen einer Zustandsänderung. Nach Herstellen des Ausgangszustandes führen wir dem gleichen System Arbeit auf zweierlei Art zu: erstens elektrische Arbeit über einen Tauchsieder und zweitens mechanische Arbeit über ein Rührwerk. Während dieser letzten beiden Versuche sei Wärmeübertragung aus der Umgebung durch eine Schutzheizung unterbunden, die die nächste Umgebung des Systems ständig auf Systemtemperatur hält.

Bei allen drei Versuchen beobachten wir die gleiche Zustandsänderung des Systems, d. h. den gleichen Temperaturanstieg, wenn die zugeführten Arbeiten untereinander und mit der zugeführten Wärme gleich sind. Daraus wird gefolgert, daß Wärme und Arbeit an einem System die gleichen Wirkungen hervorrufen können, einander also gleichwertig, äquivalent sind.

Zur Kennzeichnung der Zustandsänderung benutzen wir die schon erwähnte innere Energie und schreiben für reine Arbeitszufuhr bei gehinderter Wärmeübertragung

$$U_2 - U_1 = -A_{12} \tag{1}$$

Diese Gleichung definiert die innere Energie U und gibt zugleich eine Meßvorschrift für U an, da Arbeit meßbar ist. Für die reine Wärmezufuhr bei gehinderter Arbeitsübertragung schreiben wir

$$U_2 - U_1 = Q_{12} \tag{2}$$

Diese Gleichung definiert die Wärme Q. Werden Wärme und Arbeit gleichzeitig übertragen, so erhalten wir die Gleichung

$$U_2 - U_1 = Q_{12} - A_{12} \tag{3}$$

oder in differentieller Form

$$\mathrm{d}U = \mathrm{d}Q - \mathrm{d}A \tag{4}$$

Das ist die mathematische Formulierung des ersten Hauptsatzes. Werden durch die Wärme- und Arbeitsübertragung auch andere Energien des Systems verändert, so ist U durch die Gesamtenergie E zu ersetzen. Für das vollständig abgeschlossene System gilt die Beziehung

$$E_{\mathrm{kin}} + E_{\mathrm{pot}} + U = E = \mathrm{const} \tag{5}$$

Das ist der Satz von der Erhaltung der Energie, während Gl. (3) und (4) die besonderen Aussagen dieses Satzes im Bereich der Thermodynamik darstellen. Die verschiedene Schreibweise der Indizes in Gl. (1) bis (3) deutet darauf hin, daß U_1 und U_2 die Werte der Zustandsgröße U in den Systemzuständen 1 und 2 bedeuten, während Q_{12} und A_{12} jene Wärme- und Arbeitsbeträge sind, die das System vom Zustand 1 in den Zustand 2 bringen. Wärme und Arbeit sind keine Eigenschaften des Systems, also keine Zustandsgrößen. Die innere Energie U ist durch Gl. (1) nur bis auf eine Konstante definiert. Da in der technischen Thermodynamik nur Energieänderungen betrachtet werden, kann man den Nullpunkt von U durch Übereinkunft festlegen. Für den in der technischen Thermodynamik häufigsten Fall, daß Arbeit durch Volumenänderung des Systems übertragen wird, ist in Gl. (4) $\mathrm{d}A = p\,\mathrm{d}V$ zu setzen, und man erhält

$$\mathrm{d}U = \mathrm{d}Q - p\,\mathrm{d}V \tag{6}$$

Die Verwendung der Gleichung $\mathrm{d}A = p\,\mathrm{d}V$ setzt voraus, daß ein einziger Wert p den Druck im System eindeutig kennzeichnet, daß also p nicht vom Ort abhängt. Dazu muß das System während der Übertragung von Volumenarbeit im mechanischen Gleichgewicht sein. Diese Bedingung ist selbst bei raschen Zustandsänderungen, z. B. im Zylinder einer schnellaufenden Kolbenmaschine meist mit ausreichender Genauigkeit erfüllt.

Macht das System einen Kreisprozeß durch, so erreicht U (wie alle anderen Zustandsgrößen) wieder seinen alten Wert, und es ist $\oint \mathrm{d}\,U = 0$. Dagegen sind die Kreisintegrale über Q und A im allgemeinen von Null verschieden und man erhält aus Gl. (4)

$$\oint \mathrm{d}Q = \oint \mathrm{d}A \tag{7}$$

Diese Gleichung ist die Grundlage zur Berechnung der Wärmekraftmaschinen. Sie besagt, daß die vom System hervorgebrachte Arbeit gleich der im System verschwundenen Wärme ist. Es gibt danach keine Maschine, die kontinuierlich Arbeit hervorbringt, ohne daß der gleiche

Betrag an Wärme oder an Arbeit in anderer Form verschwindet. Der erste Hauptsatz wird daher auch das Prinzip vom verbotenen Perpetuum mobile erster Art genannt. Dieses Prinzip ist eine weitere spezielle Anwendung des Satzes von der Erhaltung der Energie auf die Thermodynamik.

§ 2 Enthalpie

Wird Arbeit nur durch Volumenänderung übertragen, kann der erste Hauptsatz in der Form von Gl. (6)

$$\mathrm{d}U = \mathrm{d}Q - p\,\mathrm{d}V \tag{6}$$

geschrieben werden. Besitzt das System starre Wände, ist also sein Volumen unveränderlich, so erhält man die Beziehung

$$\mathrm{d}U = \mathrm{d}Q \quad (V = \mathrm{const}) \tag{8}$$

oder für eine endliche Zustandsänderung

$$U_2 - U_1 = Q_{12} \quad (V = \mathrm{const}) \tag{9}$$

Das bedeutet, daß bei $V = \mathrm{const}$ eine dem System zugeführte Wärme vollständig zur Erhöhung seiner inneren Energie dient; Arbeit wird nicht geleistet.

In der Technik treten auch häufig Zustandsänderungen unter konstantem Druck ($p = \mathrm{const}$) auf, so daß es erwünscht ist, eine Zustandsgröße von der Größenart Energie zu besitzen, für die eine der Gl. (8) oder (9) ähnliche einfache Beziehung bei $p = \mathrm{const}$ besteht. Eine solche Zustandsgröße erhalten wir durch die Transformation

$$H = U + p\,V \quad \text{(Enthalpie)} \tag{10}$$

Diese Gleichung definiert eine neue extensive Zustandsgröße, die Enthalpie H. Bilden wir das Differential

$$\mathrm{d}H = \mathrm{d}U + p\,\mathrm{d}V + V\,\mathrm{d}p$$

und setzen $\mathrm{d}U$ aus Gl. (6) ein, so entsteht die Beziehung

$$\mathrm{d}H = \mathrm{d}Q + V\,\mathrm{d}p \tag{11}$$

Das ist eine andere Schreibweise des ersten Hauptsatzes gegenüber Gl. (6). Für konstanten Systemdruck wird

$$\mathrm{d}H = \mathrm{d}Q \quad (p = \text{const}) \tag{12}$$

oder für eine endliche Zustandsänderung

$$H_2 - H_1 = Q_{12} \quad (p = \text{const}) \tag{13}$$

Das bedeutet, daß bei $p = \text{const}$ eine dem System zugeführte Wärme vollständig zur Erhöhung seiner Enthalpie dient. Zwischen der Änderung der inneren Energie ΔU und der Enthalpie ΔH besteht bei $p = \text{const}$ die aus Gl. (10) ablesbare Beziehung

$$\Delta H = \Delta U + p \Delta V \tag{14}$$

Darin ist Δ die Differenz der beiden Werte einer Zustandsgröße nach und vor einer Zustandsänderung, also z. B. $\Delta H = H_2 - H_1$. Die Enthalpiedifferenz ist um die Volumenarbeit $p \Delta V$ größer als die Differenz der inneren Energien. Bei den oben beschriebenen Versuchen von Joule wurde diese Volumenarbeit vernachlässigt, da bei Flüssigkeiten meist $p \Delta V \ll \Delta U$ ist.

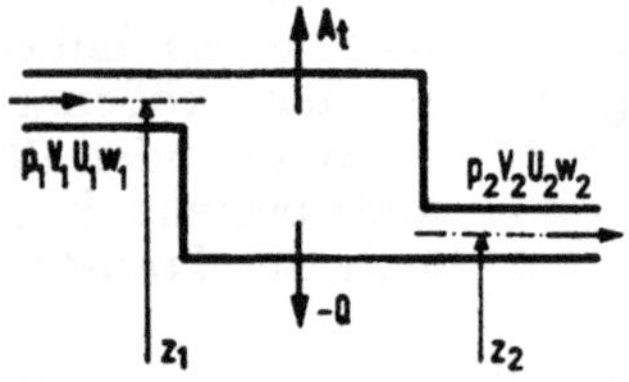

Abb. 2. Schema einer Wärmekraftmaschine

Die Formulierungen des ersten Hauptsatzes in § 1 und alle Folgerungen daraus bezogen sich auf geschlossene (massedichte) Systeme. Wir wenden im folgenden den ersten Hauptsatz auf ein offenes System an, um eine neue Eigenschaft der Enthalpie abzuleiten. Das System, z. B. eine Wärmekraftmaschine (Abb. 2) werde von einem Arbeitsmedium stationär durchflossen, das im Zustand 1 angeliefert und im Zustand 2 abgezogen wird. Während eines bestimmten Zeitraums ist die Masse m durchgesetzt worden und hat das System die Arbeit A_t geleistet und die Wärme $-Q$ abgegeben. Wir nennen diese Arbeit technische Arbeit A_t im Gegensatz zur einmalig geleisteten Arbeit A. Die Energiebilanz lautet dann

$$U_1 + p_1 V_1 + m\,w_1^2/2 + Q + m\,g\,z_1 =$$
$$= A_t + U_2 + p_2 V_2 + m\,w_2^2/2 + m\,g\,z_2$$

oder mit der Enthalpie nach Gl. (10)

$$H_1 + m\,w_1^2/2 + Q + m\,g\,z_1 = A_t + H_2 + m\,w_2^2/2 + m\,g\,z_2 \qquad (15)$$

Kann die Änderung der kinetischen Energie $m\,w^2/2$ und der potentiellen Energie $m\,g\,z$ vernachlässigt werden und ist das System wärmedicht ($Q = 0$), so erhalten wir

$$H_1 - H_2 = A_t \qquad (16)$$

Die technische Arbeit einer solchen Maschine, über deren spezielle Konstruktion keine Voraussetzungen gemacht wurden, ist gleich der Enthalpieabnahme des Arbeitsmediums vom Eintritt bis zum Austritt. Das Produkt $p\,V$ nennt man Verschiebearbeit, die zum Ein- und Ausschieben des Arbeitsmediums dem System zuzuführen bzw. zu entnehmen ist.

Wird weder Wärme noch Arbeit übertragen, so ist

$$H_1 - H_2 = m\,(w_2^2 - w_1^2)/2 \qquad (17)$$

wenn Änderungen der potentiellen Energie außer Betracht bleiben können. Die Zunahme der kinetischen Energie ist dann gleich der Abnahme der Enthalpie. Das ist die Ausgangsgleichung für die Berechnung der Düsenströmung. Besteht das System aus einem wärmedicht abgeschlossenen Drosselpfropfen, so bleibt die Enthalpie des strömenden Mediums konstant, sofern Änderungen der kinetischen und der potentiellen Energie zu vernachlässigen sind.

Zusammenfassung: Die durch Gl. (10) neu eingeführte extensive Zustandsgröße Enthalpie H hat folgende wichtige Eigenschaften: Beim geschlossenen System ist die bei p = const zugeführte Wärme gleich der Enthalpiezunahme des Systems. Beim offenen stationär durchströmten wärmedichten System ist die vom System geleistete technische Arbeit gleich der Enthalpieabnahme des Arbeitsmediums zwischen Eintritt und Austritt.

Der erste Hauptsatz läßt sich in den beiden, einander gleichwertigen Formen anschreiben:

$$\mathrm{d}Q = \mathrm{d}U + p\,\mathrm{d}V$$
$$\mathrm{d}Q = \mathrm{d}H - V\,\mathrm{d}p\,.$$

§ 3 Spezifische und molare Größen

Da die extensiven Zustandsgrößen V, U und H der Masse m des Systems proportional sind, ist es zweckmäßig, sie durch m zu dividieren, um dadurch von der zufälligen Systemmasse unabhängige Beziehungen zu erhalten. Derartige Zustandsgrößen nennen wir spezifische Größen und bezeichnen sie durch Kleinbuchstaben der betreffenden extensiven Zustandsgröße. Wir definieren

$$\text{spezifische Größe} = \frac{\text{extensive Größe}}{\text{Systemmasse}}$$

Auf diese Weise erhalten wir

spezifisches Volumen $v = V/m$
spezifische innere Energie $u = U/m$
spezifische Enthalpie $h = H/m$

Der Kehrwert des spezifischen Volumens ist die Dichte $\varrho = 1/v = m/V$. Die spezifischen Größen sind nicht mehr extensiv, haben aber auch nicht die Eigenschaften intensiver Größen, denn Unterschiede der spezifischen Größen sind nicht treibende Kräfte von Zustandsänderungen. Die Dichte einer Flüssigkeit z. B. kann wesentlich größer als die Dichte des mit ihr im Gleichgewicht befindlichen Dampfes sein. Um eine dem Massenelement zugeführte Wärme oder Arbeit zu kennzeichnen, definiert man zweckmäßig

$$q = Q/m \quad \text{und} \quad a = A/m$$

Da Q und A keine Zustandsgrößen sind, bezeichnen wir q und a als bezogene Größen.

Mit diesen spezifischen und bezogenen Größen schreiben sich die Gleichungen des ersten Hauptsatzes folgendermaßen:

aus Gl. (3) $$u_2 - u_1 = q_{12} - a_{12} \tag{18}$$

aus Gl. (4) $$\mathrm{d}u = \mathrm{d}q - \mathrm{d}a \tag{19}$$

aus Gl. (6) $$\mathrm{d}u = \mathrm{d}q - p\,\mathrm{d}v \tag{20}$$

aus Gl. (10) $$h = u + p\,v \tag{21}$$

aus Gl. (11) $$\mathrm{d}h = \mathrm{d}q + v\,\mathrm{d}p \tag{22}$$

aus Gl. (15) $$h_1 + w_1^2/2 + q + g\,z_1 = \\ = a_t + h_2 + w_2^2/2 + g\,z_2 \tag{23}$$

aus Gl. (16) $$h_1 - h_2 = a_t \tag{24}$$

aus Gl. (17) $$h_1 - h_2 = (w_2^2 - w_1^2)/2 \tag{25}$$

Beispielsweise gibt Gl. (24) die technische Arbeit des Massenelements an. Die Nutzleistung der Maschine erhält man durch Multiplikation von a_t mit dem Massenstrom des Arbeitsmediums.

Statt der Masse m eines Systems kann man auch seine Stoffmenge n zur Kennzeichnung der im System enthaltenen Menge an Substanz benutzen. Die Stoffmenge n (früher Molzahl genannt) ist ein Maß für die Anzahl der im System enthaltenen Teilchen (Moleküle, Atome, Ionen u. a.). Ihre Einheit ist das Mol (in Gleichungen mol geschrieben) oder dessen dezimale Teile und Vielfache (Millimol, Kilomol usw.). Nach Definition hat ein System die Stoffmenge $n = 1$ mol, wenn es soviel Teilchen besitzt, wie die Masse 12 g (genau) des Kohlenstoffnuklids ^{12}C Atome enthält. Die Zahl der Teilchen, die in der Stoffmenge $n = 1$ mol enthalten sind, wird durch die Avogadro-Konstante N_A angegeben. Ihr heutiger Bestwert ist

$$N_A = (6{,}022045 \pm 0{,}000031)\, 10^{23}\,\text{mol}^{-1}$$

Die auf die Stoffmenge n bezogenen extensiven Zustandsgrößen nennt man molare oder Molgrößen. Wir definieren:

$$\text{molare Größe} = \frac{\text{extensive Größe}}{\text{Stoffmenge}}$$

Die molaren Größen werden durch überstrichene Großbuchstaben bezeichnet. Ausnahmen sind die molare Masse M und die molare Gaskonstante R_0.
Auf diese Weise erhalten wir:

$$\begin{aligned}&\text{molare Masse } M = m/n\\ &\text{Molvolumen } \overline{V} = V/n\\ &\text{molare innere Energie } \overline{U} = U/n\\ &\text{molare Enthalpie } \overline{H} = H/n\end{aligned}$$

Da sich jede extensive Größe, wie z. B. das Volumen, in der Form $V = n\,\overline{V} = m\,v$ schreiben läßt, bestehen zwischen molaren und spezifischen Größen die Beziehungen

$$M = m/n = \overline{V}/v = \overline{U}/u = \overline{H}/h$$

Die molare Masse M hat für jeden Stoff einen festen Wert, unabhängig von seinem Zustand. Für Kohlenstoff ^{12}C erhält man nach Definition $M\,(^{12}C) = 12$ g/mol. Für die Masse eines Moleküls oder Atoms $m\,(x)$ des Stoffes x gilt die Beziehung $m\,(x) = M\,(x)/N_A$. Für Kohlenstoff ^{12}C ist $m\,(^{12}C) = (12\text{ g/mol})/N_A$. Bezieht man die Masse eines Moleküls oder Atoms $m\,(x)$ des Stoffes x auf $^1/_{12}$ der Masse des Kohlenstoffatoms ^{12}C, so erhält man die relative Molekül- oder Atommasse

$$M_r = \frac{12\,m\,(x)}{m\,(^{12}C)} = \frac{12\,M\,(x)\,/\,N_A}{12\,(\text{g/mol})\,/\,N_A} = \frac{M\,(x)}{\text{g/mol}}\;;\quad M\,(x) = M_r\,\text{g/mol}$$

Danach ist M_r der Zahlenwert der molaren Masse, wenn diese in g/mol = kg/kmol gemessen wird. M_r wurde früher Molekular- bzw. Atomgewicht genannt. Zahlenwerte von M_r sind in Tabelle 3 des Anhangs enthalten. Bei praktischen Rechnungen benutzt man häufig gerundete Werte.

§ 4 Kalorimetrie

Obwohl die Wärme Q keine Zustandsgröße ist, ist sie doch eine durch Gl. (2) eindeutig definierte, meßbare physikalische Größe. Bei ihrer Messung, Kalorimetrie genannt, handelt es sich vorwiegend darum, die zwischen zwei Systemen übertragene Wärme aus der Temperaturänderung des einen Systems, des Kalorimeters, zu bestimmen. Hierzu muß die Wärmekapazität C oder die spezifische Wärmekapazität c des Kalorimeters mit der Masse m, definiert durch

$$C = m\,c = \mathrm{d}Q/\mathrm{d}T$$

bekannt sein. Da nach dem ersten Hauptsatz zugeführte Wärme sowohl zur Änderung der inneren Energie als auch zur Leistung von Arbeit dienen kann, hängt C oder c von der Art der Zustandsänderung ab. Die beiden wichtigsten Fälle im Bereich der technischen Thermodynamik sind konstanter Druck p und konstantes Volumen V (keine Volumenarbeit). Unter Berücksichtigung der Gln. (12) und (8) definieren wir

spezifische Wärmekapazität bei konstantem Druck

$$c_p = \frac{1}{m}\left(\frac{\mathrm{d}Q}{\mathrm{d}T}\right)_p = \left(\frac{\partial h}{\partial T}\right)_p \tag{26}$$

spezifische Wärmekapazität bei konstantem Volumen

$$c_v = \frac{1}{m}\left(\frac{\mathrm{d}Q}{\mathrm{d}T}\right)_v = \left(\frac{\partial u}{\partial T}\right)_v \tag{27}$$

Die molaren Wärmekapazitäten (früher Molwärmen genannt) $\bar{C} = C/n$ werden entsprechend definiert:

molare Wärmekapazität bei konstantem Druck

$$\bar{C}_p = \frac{1}{n}\left(\frac{dQ}{dT}\right)_p = \left(\frac{\partial \bar{H}}{\partial T}\right)_p \tag{28}$$

molare Wärmekapazität bei konstantem Volumen

$$\bar{C}_v = \frac{1}{n}\left(\frac{dQ}{dT}\right)_v = \left(\frac{\partial \bar{U}}{\partial T}\right)_v \tag{29}$$

Die bei der Wärmeübertragung konstant gehaltene Zustandsgröße (hier p oder v) wird in der Thermodynamik immer als Index hinzugefügt. Als Quotienten von Zustandsgrößen sind die Wärmekapazitäten ebenfalls Zustandsgrößen. In allen obigen Definitionsgleichungen hätten wir nach Gl. (I 3) für dT auch dt schreiben können.

Für alle Stoffe gilt $c_p \geq c_v$, wie sich allgemein beweisen läßt, jedoch spielt die Differenz $c_p - c_v$ vor allem bei Gasen eine Rolle. Bei Flüssigkeiten und Feststoffen ist die bei der Wärmezufuhr geleistete Volumenarbeit klein, so daß man oft $c_p \approx c_v \approx c$ setzen kann. Auch kann die Druckabhängigkeit von c bei Flüssigkeiten und Feststoffen oft vernachlässigt werden.

Zur Messung der Wärmekapazität des Kalorimeters, also zu seiner Eichung, macht man vom Äquivalenzprinzip Gebrauch, indem man elektrische Arbeit durch einen Tauchsieder zuführt und die Temperaturerhöhung des Kalorimeters beobachtet. Man erhält dann die Summe der Wärmekapazitäten aller beteiligten Massen, also der Kalorimetersubstanz selbst, des Heizkörpers, des Gefäßes und des Thermometers. Wärmeübertragung nach außen wird durch eine Korrektur berücksichtigt. Da Wasser am häufigsten als Kalorimetersubstanz verwendet wird, nennt man die korrigierte Wärmekapazität auch den Wasserwert. Er ist für eine bestimmte Temperatur eine Apparatekonstante. Die Wärmekapazität von

Wasser ist besonders sorgfältig vermessen worden. Tabelle 4 des Anhangs zeigt die heutigen Bestwerte als Funktion der Temperatur.

Häufig werden mittlere spezifische Wärmekapazitäten $\bar{c}$ in einem endlichen Temperaturbereich von t_1 bis t_2 angegeben, die durch die Gleichung

$$\bar{c} = \frac{Q_{12}}{m\,(t_2 - t_1)} = \frac{1}{(t_2 - t_1)} \int_{t_1}^{t_2} c\,\mathrm{d}t \tag{30}$$

definiert sind. Zum Unterschied von $\bar{c}$ nennt man dann c die wahre spezifische Wärmekapazität.

Bringt man in einem Gefäß mit adiabaten Wänden zwei Stoffe a und b in thermischen Kontakt und sind m_a und m_b die Massen, t_a und t_b die Anfangstemperaturen und c_a und c_b die (als temperaturunabhängig angesehenen) spezifischen Wärmekapazitäten, so stellt sich die Mischungstemperatur t_M nach der Gleichung

$$t_M = \frac{m_a\,c_a\,t_a + m_b\,c_b\,t_b}{m_a\,c_a + m_b\,c_b} = \frac{\Sigma\,m\,c\,t}{\Sigma\,m\,c} \tag{31}$$

ein. Das Summenzeichen gilt für die Erweiterung auf beliebig viele Stoffe. Diese Gleichung wird auch zur Messung von Wärmekapazitäten mittels Eichsubstanzen benutzt, indem man sie nach der gesuchten Größe c auflöst. Soweit notwendig, ist zwischen c_p und c_v zu unterscheiden.

§ 5 p, v-Diagramm

In der technischen Thermodynamik wird Arbeit vorzugsweise bei der Expansion oder Kompression des Arbeitsmediums, also als Volumenarbeit übertragen. Dabei ist es zweckmäßig, diese in einem Zustandsdiagramm mit den Koordinaten p und v sichtbar zu machen (Abb. 3). Bei der Expansion (Volumenvergrößerung) eines geschlossenen Systems vom Zustand 1 zum Zustand 2 ist die vom System abgegebene auf die Masse bezogene Arbeit

$$a_{12} = \int_1^2 p \, dv \tag{32}$$

entsprechend der Diagrammfläche 12 b a. Denken wir uns unter der Abszisse das Bild eines Zylinders mit Kolben, so gibt das Diagramm (in diesem Fall besser als p, V-Diagramm gezeichnet) den Druckverlauf über der Kolbenstellung wieder, wie ihn etwa der Indikator an einer Kolbenmaschine aufzeichnen würde. Das Indikatordiagramm enthält auch die Gaswechselvorgänge, während derer das System offen ist; mit dem p, v-Diagramm als Zustandsfläche stimmt es nur in jenen Teilen überein, die mit geschlossenen Schiebern oder Ventilen durchfahren werden. Trotzdem ist die Fläche des Indikatordiagramms $\oint p \, dV$ ein Maß für die sogenannte indizierte Arbeit eines Kolbenspiels.

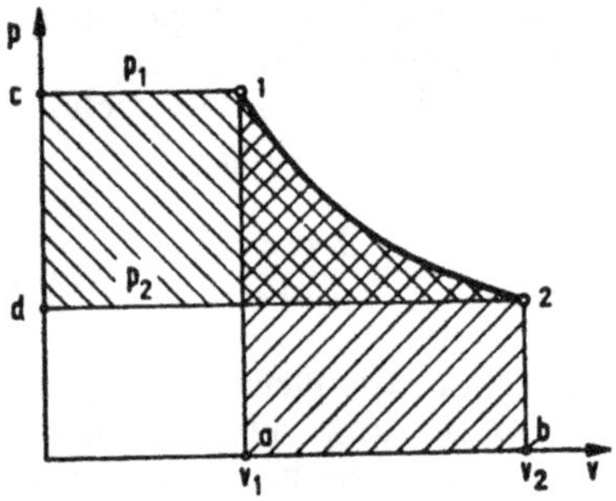

Abb. 3. p, v-Diagramm

Das p, v-Diagramm läßt sich auch für das offene stationäre System nutzbar machen, wie es in § 2 betrachtet wurde. Der erste Hauptsatz als Bilanz über die ganze Wärmekraftmaschine ergab nach Gl. (23) für die technische Arbeit a_t unter Vernachlässigung der Änderung der kinetischen und der potentiellen Energie die Gleichung

$$a_t = h_1 - h_2 + q_{12} \tag{33}$$

Wenden wir den ersten Hauptsatz auf ein Massenelement an, das die Maschine durchströmt, so erhalten wir durch Integration von Gl. (22)

$$q_{12} = h_2 - h_1 - \int_1^2 v \, \mathrm{d}p \tag{34}$$

mit $\int_1^2 \mathrm{d}h = h_2 - h_1$, da die Enthalpie eine Zustandsgröße ist. Wird Gl. (34) in Gl. (33) eingesetzt, so ergibt sich

$$a_\mathrm{t} = - \int_1^2 v \, \mathrm{d}p \tag{35}$$

Dieses Integral läßt sich in Abb. 3 als Fläche 1 2 *d c* darstellen. Der Unterschied zwischen der einmalig abgegebenen Arbeit a_{12} nach Gl. (32) und der technischen Arbeit a_t nach Gl. (35) ist die Differenz der Verschiebearbeiten

$$a_\mathrm{t} = a_{12} + p_1 v_1 - p_2 v_2 \tag{36}$$

§ 6 Mathematische Beziehungen

Die Thermodynamik benutzt als mathematische Hilfsmittel nur die einfachsten Regeln der Differentialrechnung. In diesem Abschnitt sollen einige mathematische Begriffe für die spätere Anwendung bereitgestellt und an einfachen Beispielen erläutert werden, unter ihnen das vollständige Differential.

Der Zustand des einfachen Systems bekannter Masse ist nach I § 1 durch zwei Zustandsgrößen vollständig bestimmt, d. h. jede weitere Zustandsgröße ist eine Funktion zweier unabhängiger Variablen. Eine Funktion zwischen Zustandsgrößen heißt Zustandsgleichung. Hat eine dieser Zustandsgrößen die Dimension einer Energie, z. B. $u\,(v, T)$ oder $h\,(p, T)$, so spricht man von kalorischen Zustandsgleichungen, anderenfalls, z. B. bei $v\,(p, T)$, von thermischen Zustandsgleichungen.

Wir nehmen an, daß eine Funktion $z(x, y)$ besteht, durch die z vollständig bestimmt sei. Das vollständige Differential von z lautet dann

$$\mathrm{d}z = \left(\frac{\partial z}{\partial x}\right)_y \mathrm{d}x + \left(\frac{\partial z}{\partial y}\right)_x \mathrm{d}y \tag{37}$$

wenn die beim Differenzieren konstant gehaltene Größe als Index hinzugefügt wird. Die partiellen Ableitungen sind im allgemeinen Falle selbst Funktionen von x und y, so daß Gl. (37) auch in der Form

$$\mathrm{d}z = P(x, y)\,\mathrm{d}x + Q(x, y)\,\mathrm{d}y \tag{38}$$

geschrieben werden kann. Da $\mathrm{d}z$ nach Voraussetzung ein vollständiges Differential ist, muß zwischen P und Q die Integrabilitätsbedingung erfüllt sein, die durch kreuzweises Differenzieren entsteht:

$$(\partial P/\partial y)_x = (\partial Q/\partial x)_y \tag{39}$$

Die Reihenfolge der Differentiationen darf keine Rolle spielen. Aus Gl. (37) erhält man ferner eine Beziehung zwischen den drei ersten Ableitungen von x, y, z, wenn man diese Gleichung für $\mathrm{d}z = 0$ oder $z = \text{const}$ anschreibt:

$$0 = \left(\frac{\partial z}{\partial x}\right)_y \left(\frac{\partial x}{\partial y}\right)_z + \left(\frac{\partial z}{\partial y}\right)_x$$

oder in symmetrischer Schreibweise:

$$\left(\frac{\partial x}{\partial y}\right)_z \left(\frac{\partial y}{\partial z}\right)_x \left(\frac{\partial z}{\partial x}\right)_y = -1 \tag{40}$$

Als Beispiel für ein vollständiges Differential betrachten wir das Volumen V eines Kreiszylinders der Höhe z und des Radius r:

$$V = \pi r^2 z$$

Das vollständige Differential lautet

$$\mathrm{d}V = \pi(2rz\,\mathrm{d}r + r^2\,\mathrm{d}z)$$

Die Bedingung Gl. (39) ist offenbar erfüllt.

Wir nehmen an, daß eine thermische Zustandsgleichung in der Form $v(p, T)$ vorliegt. Dann lautet das vollständige Differential

$$\mathrm{d}v = \left(\frac{\partial v}{\partial p}\right)_T \mathrm{d}p + \left(\frac{\partial v}{\partial T}\right)_p \mathrm{d}T \tag{41}$$

Für die ersten Ableitungen zwischen v, p, T führen wir folgende Bezeichnungen ein:

$$\text{Ausdehnungskoeffizient } \alpha = \frac{1}{v}\left(\frac{\partial v}{\partial T}\right)_p \tag{42}$$

$$\text{Kompressibilität } \chi = -\frac{1}{v}\left(\frac{\partial v}{\partial p}\right)_T \tag{43}$$

$$\text{Spannungskoeffizient } \beta = \frac{1}{p}\left(\frac{\partial p}{\partial T}\right)_v \tag{44}$$

Nach Gl. (40) besteht die Beziehung

$$\alpha = p\,\beta\,\chi \tag{45}$$

Mit den Bezeichnungen nach Gl. (42) bis (44) schreibt sich Gl. (41)

$$\mathrm{d}v = \alpha\, v\, \mathrm{d}T - \chi\, v\, \mathrm{d}p$$

Durch kreuzweises Differenzieren erhält man

$$\left(\frac{\partial \alpha}{\partial p}\right)_T = -\left(\frac{\partial \chi}{\partial T}\right)_p \tag{46}$$

Dieses Ergebnis ist für die Thermodynamik typisch. Allein aus der Voraussetzung, daß Gl. (41) ein vollständiges Differential ist, ergab sich eine wichtige Beziehung zwischen der Druck- und Temperaturabhängigkeit zweier Koeffizienten. Gl. (46) muß für alle Substanzen gelten, da über die Form der Zustandsgleichung keine Voraussetzungen gemacht wurden. Von den drei Koeffizienten nach Gl. (42) bis (44) ist β insbesondere für Flüssigkeiten am unbequemsten zu messen, so daß man β besser nach Gl. (45) berechnet. Wir erhalten aus Gl. (45) die Beziehung

$$(\partial p/\partial T)_v = \alpha/\chi$$

Diese Gleichung wenden wir auf drei Flüssigkeiten an, für die α und χ bei 18 °C bekannt sind:

$$\text{Wasser: } \left(\frac{\partial p}{\partial T}\right)_v = \frac{18{,}0 \cdot 10^{-5}\ \text{K}^{-1}}{45{,}4 \cdot 10^{-6}\ \text{bar}^{-1}} = 3{,}96\ \frac{\text{bar}}{\text{K}}$$

$$\text{Diäthyläther: } \left(\frac{\partial p}{\partial T}\right)_v = \frac{162 \cdot 10^{-5}\ \text{K}^{-1}}{181 \cdot 10^{-6}\ \text{bar}^{-1}} = 8{,}95\ \frac{\text{bar}}{\text{K}}$$

$$\text{Quecksilber: } \left(\frac{\partial p}{\partial T}\right)_v = \frac{18{,}1 \cdot 10^{-5}\ \text{K}^{-1}}{3{,}86 \cdot 10^{-6}\ \text{bar}^{-1}} = 46{,}9\ \frac{\text{bar}}{\text{K}}$$

Quecksilber hat im Vergleich mit Wasser etwa den gleichen Ausdehnungskoeffizienten, aber eine wesentlich kleinere Kompressibilität, es ist also die „härtere“ Substanz. Das erklärt auch, warum Quecksilberthermometer zerspringen, sobald der Faden das obere Ende der Kapillare erreicht hat. Bei einer Überhitzung von nur $^1/_{10}$ K würde in der Kapillare, näherungsweise als System mit konstantem Volumen betrachtet, ein Überdruck von etwa 5 bar entstehen, dem die Wände nicht gewachsen sind.

Als Beispiel einer kalorischen Zustandsgleichung betrachten wir die Funktion $u\,(T, v)$ und bilden das totale Differential

$$\mathrm{d}u = \left(\frac{\partial u}{\partial T}\right)_v \mathrm{d}T + \left(\frac{\partial u}{\partial v}\right)_T \mathrm{d}v = c_v\,\mathrm{d}T + \left(\frac{\partial u}{\partial v}\right)_T \mathrm{d}v \qquad (47)$$

Mit dem ersten Hauptsatz in der Form $\mathrm{d}q = \mathrm{d}u + p\,\mathrm{d}v$ erhalten wir

$$\mathrm{d}q = c_v\,\mathrm{d}T + \left[\left(\frac{\partial u}{\partial v}\right)_T + p\right]\mathrm{d}v \qquad (48)$$

Man nennt $(\partial u/\partial v)_T$ auch den inneren Druck, der durch die Molekularkräfte erzeugt wird. Er ist bei Gasen sehr klein, kann aber bei Flüssigkeiten einige tausend Bar betragen. Gehen wir von der Funktion $h\,(T, p)$ aus, so wird das totale Differential

$$\mathrm{d}h = \left(\frac{\partial h}{\partial T}\right)_p \mathrm{d}T + \left(\frac{\partial h}{\partial p}\right)_T \mathrm{d}p = c_p\,\mathrm{d}T + \left(\frac{\partial h}{\partial p}\right)_T \mathrm{d}p \qquad (49)$$

Mit dem ersten Hauptsatz in der Form $\mathrm{d}q = \mathrm{d}h - v\,\mathrm{d}p$ entsteht die Beziehung

$$\mathrm{d}q = c_p\,\mathrm{d}T + \left[\left(\frac{\partial h}{\partial p}\right)_T - v\right]\mathrm{d}p \qquad (50)$$

Darin ist $(\partial h/\partial p)_T$ der isotherme Drosselkoeffizient (vgl. IV § 5).

Es gibt in der Thermodynamik sehr viele Differentialbeziehungen der oben behandelten Art, die aber erst in Verbindung mit dem zweiten Hauptsatz voll brauchbar werden (vgl. IV § 4).

III Ideales Gas

§ 1 Thermische Zustandsgleichung

Zustandsgleichungen mit größerem Gültigkeitsbereich sind meist sehr kompliziert; vielfach lassen sich überhaupt keine Funktionen angeben, und man begnügt sich mit der Diagrammdarstellung. Eine Ausnahme machen Gase bei nicht zu hohen Drücken und nicht zu kleinen Temperaturen. R. Boyle (1662) und E. Mariotte (1679) fanden, daß bei Gasen das Produkt $p\,V$ bei konstant gehaltener (empirischer) Temperatur t gleich einer Konstante ist, die nur von t abhängt und natürlich der Masse proportional ist, so daß man schreiben kann

$$p\,V = m\,f\,(t) \qquad (1)$$

J. L. Gay-Lussac (1802) entdeckte, daß bei konstantem Druck das Volumen linear von der (empirischen)

Temperatur t abhängt, so daß man schreiben kann

$$V = V_0 (1 + \alpha_0 t) \quad (p = \text{const}) \tag{2}$$

worin α_0 der auf ein konstantes Volumen V_0 bezogene Ausdehnungskoeffizient ist [vgl. Definition von α in Gl. (II 42)]. V_0 ist das Volumen beim Eispunkt als dem Nullpunkt der (empirischen) Celsius-Temperatur. In einer Temperaturskala, in der der Fundamentalabstand (vgl. I § 2) in 100 Teile geteilt ist, erhält man durch Messung $\alpha_0 \approx (1/273)\ \mathrm{K}^{-1}$, so daß man auch schreiben kann

$$V = \alpha_0 V_0 (273\ \mathrm{K} + t) = \alpha_0 V_0 T$$

mit $T = 273\ \mathrm{K} + t$. Damit ist eine (empirische) Kelvin-Temperatur T definiert, deren Nullpunkt man den absoluten Nullpunkt der Temperatur nennt.

Die Gln. (1) und (2) lassen sich zu der Gleichung

$$p V = m R T \tag{3}$$

zusammenfassen, der Zustandsgleichung des idealen Gases, kurz Gasgleichung genannt. R ist die Gaskonstante, deren Wert von der Gasart abhängt (vgl. Tabelle 3).

In einem größeren Temperaturbereich läßt sich Gl. (3) nur mit gewissen Streuungen experimentell bestätigen, die verursacht sind durch (1) die unvermeidlichen Meßunsicherheiten, (2) die Abweichungen wirklicher Gase vom idealen Verhalten, (3) die Verwendung einer empirischen Temperatur. Die aus (1) und (2) folgenden Abweichungen kann man sich beliebig verkleinert denken durch die Steigerung der Meßgenauigkeit und die Verwendung geeigneter Gase bei hinreichend kleinen Drükken. Unter diesen Voraussetzungen kann man sich von der Willkür einer empirischen Temperatur freimachen und jene Temperatur T als thermodynamische Temperatur definieren, für die Gl. (3) genau gilt. Eine allgemeinere Definition der thermodynamischen Temperatur läßt sich mit Hilfe des zweiten Hauptsatzes gewinnen (vgl. IV § 3).

Dividiert man Gl. (3) durch die Systemmasse m, so erhält man andere Formen der Gasgleichung:

$$p\,v = p/\varrho = R\,T \tag{4}$$

Durch Logarithmieren und Differenzieren entsteht die Gleichung

$$\mathrm{d}p/p + \mathrm{d}v/v = \mathrm{d}T/T \tag{5}$$

Aus dieser lassen sich leicht die durch die Gln. (II 42, 43, 44) definierten Koeffizienten für das ideale Gas berechnen:

Ausdehnungskoeffizient $\quad \alpha = \frac{1}{v}\left(\frac{\partial v}{\partial T}\right)_p = \frac{1}{T}$

Kompressibilität $\quad \chi = -\frac{1}{v}\left(\frac{\partial v}{\partial p}\right)_T = \frac{1}{p}$

Spannungskoeffizient $\quad \beta = \frac{1}{p}\left(\frac{\partial p}{\partial T}\right)_v = \frac{1}{T}$

Die Gasgleichung läßt sich auch für molare Größen anschreiben. Dividiert man Gl. (3) durch die Stoffmenge n des gasförmigen Systems, so erhält man

$$p\,\overline{V} = M\,R\,T \tag{6}$$

Nach der Hypothese von A. Avogadro (1811) enthalten gleiche Volumina idealer Gase beim gleichen Zustand (p und T) gleich viele Teilchen. Umgekehrt nimmt eine bestimmte Stoffmenge (die ja auch eine bestimmte Teilchenzahl enthält) bei gegebenem Zustand für alle idealen Gase das gleiche Volumen ein. Danach muß das Molvolumen $\overline{V}$ aller idealen Gase nur vom Zustand und nicht von der Gasart abhängen, so daß wir schreiben können

$$p\,\overline{V}/T = M\,R = R_0 \tag{7}$$

mit R_0 als der universellen Gaskonstante mit dem heutigen Bestwert

$$R_0 = (8{,}31441 \pm 0{,}00026)\ \mathrm{J/(mol\,K)}$$

Aus der Beziehung $m\,R = n\,R_0$ folgt, daß R auch spezifische und R_0 molare Gaskonstanten genannt werden können.

Der Quotient aus R_0 und N_A heißt Boltzmann-Konstante

$$k = R_0/N_A = (1{,}380662 \pm 0{,}000044)\,10^{-23}\ \text{J/K},$$

die auch als die auf ein Teilchen bezogene Gaskonstante aufgefaßt werden kann.

Häufig ist es erwünscht, Volumina auf einen bestimmten Zustand zu beziehen, z. B. bei der Lieferung von Ferngas, dessen Volumen gemessen wird. Hierzu dient der Normzustand, der durch den Normdruck $p_n = 1\ \text{atm} = 101\,325\ \text{Pa}$ und die Normtemperatur $T_n = 273{,}15\ \text{K} \triangleq 0\ °\text{C}$ definiert ist. Bei diesem Zustand nimmt das Gas das Normvolumen V_n ein. Aus Gl. (7) folgt, daß das molare Normvolumen $\bar{V}_n$ für alle idealen Gase den gleichen Wert hat, nämlich

$$\bar{V}_n = R_0\,T_n/p_n = (22{,}41383 \pm 0{,}00070)\ \text{m}^3/\text{kmol}.$$

Das spezifische Normvolumen v_n und sein Kehrwert, die Normdichte ϱ_n haben für jede Gasart verschiedene Werte (Tabelle 3). Das Normvolumen V_n ist der Masse m und der Stoffmenge n proportional gemäß der Beziehung

$$V_n = m\,v_n = n\,\bar{V}_n \tag{8}$$

Zur Reduktion eines Volumens V beim Zustand p und T auf den Normzustand dient die aus Gl. (3) folgende Beziehung

$$V_n = V\,\frac{p}{p_n}\,\frac{T_n}{T} \tag{9}$$

In der Praxis wird häufig der Index n für den Normzustand nicht an die Größe, sondern an die Einheit gehängt, d. h. man schreibt statt Normvolumen $V_n = 10\ \text{m}^3$ vereinfacht $10\ \text{m}^3_n$ und nennt m^3_n das Normkubikmeter. Natürlich ist dieses Normkubikmeter keine andere Volumeneinheit als das Kubikmeter. Es gilt die

Identität $m^3{}_n \equiv m^3$. Das Normkubikmeter gehört zu den Einheiten mit besonderen Kennzeichen wie auch °C, atü, MW_{el} u.a.m. Derartige Einheiten sollten nicht in Größengleichungen eingesetzt werden.

Als Beispiel für die Anwendung der Gasgleichung betrachten wir die Druckverteilung in der Atmosphäre. Mit z als der Höhenkoordinate und g als der örtlichen Fallbeschleunigung erhalten wir aus der Bedingung für das mechanische Gleichgewicht

$$-\,\mathrm{d}p = \varrho\, g\, \mathrm{d}z = p\, g\, \mathrm{d}z/(R\,T)$$

wenn die Dichte ϱ aus Gl. (4) eingesetzt wird. Für den Fall überall gleicher Temperatur (isotherme Atmosphäre) und gleicher Fallbeschleunigung ergibt die Integration obiger Gleichung

$$p/p_0 = \exp\,[-\,g\,z/(R\,T)]$$

Darin bedeutet p_0 den Druck am Erdboden ($z = 0$). Das ist die barometrische Höhenformel der isothermen Atmosphäre. Sie beschreibt ein gasförmiges System im Gravitationsfeld, in dem auch im Gleichgewicht die intensive Größe Druck nicht überall den gleichen Wert hat. Zur Berechnung des Druckgradienten in Bodennähe setzen wir folgende Werte ein: $p = 1000$ mbar, $g = 9{,}80665$ N/kg, $T = 288$ K $\triangleq$ 15 °C, $R = 287$ J/kg K und erhalten

$$-\,\mathrm{d}p/\mathrm{d}z = p\,g/(R\,T) = 11{,}9\ \mathrm{mbar}/(100\ \mathrm{m})\,.$$

Wäre die Luft inkompressibel, so hätte die Atmosphäre überall die gleiche Dichte $\varrho = \varrho_0 = p_0/RT_0$. Diese „gleichförmige Atmosphäre" hat die Höhe $Z_0 = RT_0/g$, die auch Maßstabshöhe genannt wird. Mit $T_0 = 288$ K erhält man $Z_0 = 8430$ m.

Die wirkliche Atmosphäre ist nicht isotherm, da in ihr ständig Energie infolge der Sonneneinstrahlung transportiert wird. Für die Luftnavigation hat man eine Norm-Atmosphäre verabredet (DIN 5450) mit einem linearen Temperaturverlauf gemäß der Beziehung $T =$

$T_0 + \gamma z$. Bis zur Höhe $z = 11$ km gilt $\gamma = -6{,}5$ K/km. Für den Druckverlauf erhält man

$$p/p_0 = (1 + \gamma z/T_0)^{-g/R\gamma}$$

und mit den obigen Zahlenwerten

$$p/p_0 = (1 - 0{,}02256\, z/\mathrm{km})^{5{,}256}\,.$$

Der Druckgradient am Boden ist gleich dem der isothermen Atmosphäre. — Wir werden später noch ein drittes Modell einer Atmosphäre behandeln (III § 5).

§ 2 Kalorische Zustandsgleichung

Eine Funktion $u\,(T, v)$ können wir aus der Integration von Gl. (II 47)

$$\mathrm{d}u = c_v\,\mathrm{d}T + (\partial u/\partial v)_T\,\mathrm{d}v \qquad (10)$$

erhalten. Die Volumenabhängigkeit von u ergibt sich aus dem sogenannten Überströmversuch von Joule. Hierbei wird ein gasgefülltes Druckgefäß plötzlich mit einem zweiten, weitgehend evakuierten Gefäß verbunden. Beide Gefäße sind gut isoliert, um Wärmeübertragung aus der Umgebung zu vermeiden. Da das System während des Versuches auch keine Arbeit nach außen überträgt, ist seine innere Energie nach dem ersten Hauptsatz konstant geblieben. Man beobachtet, daß nach Beruhigung der Strömung sich die ursprüngliche Temperatur einstellt, daß also beim idealen Gas

$$(\partial u/\partial v)_T = 0 \qquad (11)$$

sein muß. Die innere Energie des idealen Gases hängt weder vom Volumen noch vom Druck ab. Mit Hilfe des zweiten Hauptsatzes werden wir später beweisen, daß dieses Verhalten aus der Gasgleichung folgt, also keine neue, unabhängige Eigenschaft idealer Gase ist.

Die spezifische Wärmekapazität c_v des idealen Gases ergibt sich aus Gl. (10) und (11) in Verbindung mit Gl. (II 27) zu

$$c_v = (\partial u/\partial T)_v = \mathrm{d}u/\mathrm{d}T \qquad (12)$$

und für die kalorische Zustandsgleichung für u erhalten wir

$$u = \int c_v \, \mathrm{d}T + u_0 \tag{13}$$

worin die Integrationskonstante u_0 nach Übereinkunft festzulegen ist. Für den Sonderfall, daß c_v nicht von T abhängt, ergibt sich die Gleichung

$$u = c_v \, T + u_0 \tag{14}$$

Die spezifische Enthalpie des idealen Gases ist

$$h = u + p\,v = u + R\,T$$

Da u nur von T und nicht einzeln von p und v abhängt, muß das auch für h gelten. Die Differentiation nach T ergibt daher

$$\mathrm{d}h/\mathrm{d}T = \mathrm{d}u/\mathrm{d}T + R \quad \text{oder} \quad c_p - c_v = R \tag{15}$$

Für molare Größen gilt

$$\bar{C}_p - \bar{C}_v = R_0 \tag{16}$$

Diese Gleichung wurde von J. R. Mayer zum experimentellen Beweis des ersten Hauptsatzes benutzt, indem er alle drei Größen maß und das Gleichheitszeichen bestätigte. Führen wir für das Verhältnis der Wärmekapazitäten die Abkürzung

$$\varkappa = C_p/C_v = c_p/c_v = \bar{C}_p/\bar{C}_v$$

ein, so ergeben sich folgende Beziehungen, die in der Thermodynamik idealer Gase häufig verwendet werden:

$$c_p/R = \varkappa/(\varkappa - 1) \quad \text{und} \quad c_v/R = 1/(\varkappa - 1) \tag{17}$$

Für ideale Gase hängt $\varkappa$ wesentlich von der Atomzahl ab (vgl. § 3). Werte von c_p, c_v und $\varkappa$ wirklicher Gase sind in Tabelle 3 aufgeführt.

Die kalorische Zustandsgleichung des idealen Gases für h lautet

$$h = \int c_p \, \mathrm{d}T + h_0 \tag{18}$$

oder für temperaturunabhängiges c_p

$$h = c_p \, T + h_0 \tag{19}$$

Die spezifische Wärmekapazität bei konstantem Druck ergibt sich für das ideale Gas zu

$$c_p = (\partial h/\partial T)_p = \mathrm{d}h/\mathrm{d}T \tag{20}$$

Die Unabhängigkeit der Enthalpie des idealen Gases von Druck und Volumen wird durch den Drosselversuch (vgl. IV § 5) bestätigt, wie er von Joule und Thomson ausgeführt wurde. Bei vernachlässigbarer Änderung der kinetischen Energie bleibt die Temperatur vor und hinter dem Drosselpfropfen konstant, obwohl p und v sich verändert haben. Da die Drosselung eine Zustandsänderung $h = \text{const}$ ist, kann h nur von T abhängen.

Setzt man $(\partial u/\partial v)_T = 0$ und $(\partial h/\partial p)_T = 0$ in die Gln. (II 48) und (II 50) ein, so erhält man den ersten Hauptsatz für das ideale Gas in den beiden Formen

$$\mathrm{d}q = c_v\,\mathrm{d}T + p\,\mathrm{d}v \tag{21}$$

$$\mathrm{d}q = c_p\,\mathrm{d}T - v\,\mathrm{d}p \tag{22}$$

§ 3 Molare Wärmekapazitäten

Aus Messungen bei mäßigen Temperaturen erhält man für die molaren Wärmekapazitäten der Gase die folgenden einfachen Beziehungen:

Atomzahl	$\bar{C}_p/R_0$	$\bar{C}_v/R_0$	$\varkappa$	f
1	5/2	3/2	5/3	3
2	7/2	5/2	7/5	5
3	8/2	6/2	4/3	6

Das Zeichen f bedeutet die Zahl der Freiheitsgrade des Moleküls; dieser Begriff wird weiter unten erläutert werden. Für diese Beziehungen liefert die elementare kinetische Gastheorie eine qualitative Erklärung. In einem Würfel von der Kantenlänge a befinden sich N Moleküle der Einzelmasse m_m, die alle die gleiche Geschwindigkeit w haben mögen, welche der mittleren Molekulargeschwindigkeit entsprechen soll. Da keine

Bewegungsrichtung bevorzugt ist, nehmen wir in weiterer Vereinfachung an, daß in jedem Zeitpunkt $N/3$ Moleküle sich in Richtung einer der drei Koordinatenachsen bewegen sollen, also $N/6$ in Richtung auf eine der Würfelflächen. Im Zeitelement $\mathrm{d}t$ stoßen jene Moleküle mit der Wand zusammen, die sich in dem Volumen $a^2\, w\, \mathrm{d}t$ befinden; die Zahl der Stöße im Zeitelement $\mathrm{d}t$ ist damit $N\, a^2\, w\, \mathrm{d}t/(6\, a^3)$. Bei jedem Stoß, den wir als vollkommen elastisch voraussetzen, gibt ein Molekül den Impuls $2\, m_{\mathrm{m}}\, w$ an die Wand ab, so daß die gesamte zeitliche Impulsänderung $\mathrm{d}J/\mathrm{d}t$ an der Wand, bezogen auf die Würfelfläche a^2, folgenden Wert annimmt:

$$\frac{1}{a^2}\frac{\mathrm{d}J}{\mathrm{d}t} = \frac{2\, N\, m_{\mathrm{m}}\, w^2}{6\, a^3} = \frac{\varrho\, w^2}{3} = p$$

Darin ist die Dichte $\varrho = N\, m_{\mathrm{m}}/a^3 = m/V$ eingeführt, mit $m = N\, m_{\mathrm{m}}$ als der Systemmasse. Diese Impulsänderung ist dem Gasdruck p gleichgesetzt, der nach den Vorstellungen der kinetischen Gastheorie durch die Kraftwirkung der molekularen Stöße zustande kommt. Führen wir in die obige Beziehung die Gasgleichung $p/\varrho = R\, T$ ein, so erhalten wir für die mittlere Molekulargeschwindigkeit die Gleichung $w = \sqrt{3\, R\, T}$. Für Luft mit $R = 287$ J/kg K bei $T = 293$ K $\triangleq$ 20 °C erhalten wir $w = 503$ m/s, ein Wert, der in der Größenordnung der Schallgeschwindigkeit liegt (beachte die Einheitengleichung J/kg = m²/s²).

Die Moleküle unseres Modellgases besitzen die molare kinetische Energie der Translationsbewegung

$$M\, w^2/2 = 3\, R_0\, T/2 = \bar{U}$$

die wir der molaren inneren Energie $\bar{U}$ gleichsetzen können, sofern keine weiteren Energiearten auftreten. Entsprechend den drei Koordinatenrichtungen besitzt ein solches Gas drei „Freiheitsgrade" f, so daß die molare innere Energie je Freiheitsgrad $\bar{U}/f$ durch den

Ausdruck $\bar{U}/f = R_0\,T/2$ und die molare Wärmekapazität bei konstantem Volumen durch

$$\bar{C}_v = \mathrm{d}\bar{U}/\mathrm{d}T = fR_0/2$$

gegeben ist. Der Wert $f = 3$ entspricht dem einatomigen Gas, während das zweiatomige Gas zwei weitere Freiheitsgrade der Rotationsbewegung besitzt ($f = 5$), da das Trägheitsmoment um die durch die beiden Atomschwerpunkte gehenden Achse sehr viel kleiner als die Trägheitsmomente um die beiden anderen Rotationsachsen ist. Erst beim drei- und mehratomigen Gas treten drei Freiheitsgrade der Rotation auf ($f = 6$). Nach dem Gleichverteilungssatz der kinetischen Gastheorie entfällt auf jeden Freiheitsgrad der gleiche Anteil der inneren Energie. Da auch die Beziehung $\bar{C}_p - \bar{C}_v = R_0$ bei wirklichen Gasen in gewissen Zustandsbereichen hinreichend genau gilt, erhält man die Werte der obigen Tabelle aus den Beziehungen $\bar{C}_v/R_0 = f/2$ und $\bar{C}_p/R_0 = 1 + (f/2)$.

Bei höheren Temperaturen werden bei mehratomigen Gasen Schwingungsfreiheitsgrade angeregt, deren Energiebeitrag den Gesetzen der Quantentheorie gehorcht. Die Wärmekapazitäten steigen daher mit steigender Temperatur an, wie es aus der Tabelle 5 des Anhangs zu ersehen ist.

§ 4 Mischungen idealer Gase

Um eine Zustandsgleichung für Mischungen idealer Gase aufzustellen, führen wir folgendes Gedankenexperiment durch: In einem geschlossenen System, das während der Versuche ständig unter gleichbleibenden Werten des Druckes p und der Temperatur T gehalten wird, befinden sich zwei miteinander chemisch nicht reagierende ideale Gase mit den Massen m_1 und m_2, die durch eine schlappe Membran getrennt sind. Die Teilvolumina sind V_1 und V_2. Wird die Membran entfernt, diffundieren die beiden Komponenten ineinander und füllen nach einer gewissen Zeit das ganze System gleichmäßig aus, dessen Volumen in diesem Zustand V sei. Wir finden, daß das Gesamtvolumen vor und nach der Vermischung gleichgeblieben ist, daß also $V = V_1 + V_2$ ist. Schreiben wir für beide Komponenten die Gasgleichung an und addieren beide Gleichungen, so erhalten wir

$$p\,V_1 = m_1\,R\,T$$
$$p\,V_2 = m_2\,R\,T$$
$$\overline{p\,(V_1 + V_2) = p\,V = (m_1\,R_1 + m_2\,R_2)\,T}$$
$$p\,V = (m_1 + m_2)\,R_M\,T$$

Die letzte Gleichung definiert die Gaskonstante der Mischung R_M, für die sich die Beziehung

$$R_M = \frac{m_1\,R_1 + m_2\,R_2}{m_1 + m_2} = \frac{\Sigma\,m_i\,R_i}{m} \tag{23}$$

ergibt, wobei das Summenzeichen für die Erweiterung von zwei Komponenten (binäres System) auf i Komponenten ($i = 1, 2 \ldots$) gilt und $m = \Sigma\,m_i$ die Gesamtmasse ist. Das Versuchsergebnis ist besser zu übersehen, wenn wir statt mit den Massen m_i mit den Stoffmengen n_i der Komponenten rechnen:

$$p\,V_1 = n_1\,R_0\,T$$
$$p\,V_2 = n_2\,R_0\,T$$
$$\overline{p\,(V_1 + V_2) = p\,V = (n_1 + n_2)\,R_0\,T}$$

Das Ergebnis $V = V_1 + V_2$ folgt hier aus der Avogadro-Hypothese, da gleiche Stoffmengen $(n_1 + n_2)$ bei gleichem Zustand (p und T) das gleiche Volumen $(V_1 + V_2)$ einnehmen müssen, ohne Rücksicht auf ihre Verteilung innerhalb des Systems.

Das Verhalten der Komponenten in Mischungen idealer Gase wurde von Dalton (1802) in folgender Form ausgesprochen: Jede Komponente einer Mischung idealer Gase verhält sich so, als ob sie das Systemvolumen allein ausfüllt. Sie steht unter einem bestimmten Druck, dem

Teildruck p_i (auch Partialdruck genannt), der sich bei isothermer Expansion vom Teilvolumen V_i unter dem Gesamtdruck p auf das Gesamtvolumen V ergibt. Die Summe der Teildrücke p_i ist gleich dem Gesamtdruck p. Danach ist der Teildruck idealer Gase durch die Beziehung

$$p_i V = p V_i \tag{24}$$

definiert, oder in Worten: Teildruck mal Gesamtvolumen gleich Gesamtdruck mal Teilvolumen. Da für jede Komponente in der Mischung die Gasgleichung $p_i V = n_i R_0 T$ gelten muß, kann man das Gesetz von Dalton auch in der Form

$$\Sigma p_i \cdot V = \Sigma n_i \cdot R_0 T \tag{25}$$

ausdrücken. Die molare Masse der Mischung M_{M} ist durch die Beziehung

$$M_{\mathrm{M}} = \frac{m_1 + m_2 + \ldots}{n_1 + n_2 + \ldots}$$

definiert. Wie sich aus den obigen Gleichungen leicht nachweisen läßt, kann die Gaskonstante der Mischung R_{M} durch die der Gl. (7) analoge Beziehung

$$R_{\mathrm{M}} = R_0 / M_{\mathrm{M}} \tag{26}$$

berechnet werden.

Neben dem Volumen verhalten sich auch andere extensive Zustandsgrößen der Mischung idealer Gase additiv, so daß wir für die innere Energie und die Enthalpie der Mischung (Index M) auch schreiben können

$$U_{\mathrm{M}} = \Sigma U_i = \Sigma m_i u_i = \Sigma n_i \bar{U}_i$$
$$H_{\mathrm{M}} = \Sigma H_i = \Sigma m_i h_i = \Sigma n_i \bar{H}_i$$

Es sei daran erinnert, daß die Additivität extensiver Größen von getrennten Teilsystemen bereits aus der Definition einer extensiven Größe folgt (vgl. I § 1). Das ideale Verhalten der Gase besteht darin, daß diese

Additivität auch für die Mischung gilt (vgl. jedoch in IV § 5 das Verhalten der Entropie).

Die Zusammensetzung einer Mischung kann auf verschiedene Weise gekennzeichnet werden. Man benutzt vorzugsweise folgende Konzentrationsmaße:

Volumenverhältnis V_i/V

Teildruckverhältnis p_i/p

relative Stoffmenge oder Molenbruch $\gamma_i = n_i/n$

Massenverhältnis $\xi_i = m_i/m = \gamma_i\, R_M/R_i = \gamma_i\, M_i/M_M$
$= \gamma_i\, M_{ri}/M_{rM}$

Teildichte oder Partialdichte $\varrho_i = m_i/V = n_i\, M_i/V$

molare Konzentration oder Molarität $c_i = n_i/V$

Aus den Gln. (24) und (25) geht hervor, daß die ersten drei Konzentrationsmaße für ideale Gase identisch sind, es gilt also für ideale Gase:

$$V_i/V = p_i/p = n_i/n = \gamma_i$$

Außerdem ist nach Definition

$$\Sigma\, \gamma_i = 1 \quad \text{und} \quad \Sigma\, \xi_i = 1$$

Damit können wir für die spezifischen und molaren Größen der Mischung auch schreiben:

$$u_M = \Sigma\, \xi_i\, u_i\,; \qquad h_M = \Sigma\, \xi_i\, h_i$$
$$\bar{U}_M = \Sigma\, \gamma_i\, \bar{U}_i\,; \qquad \bar{H}_M = \Sigma\, \gamma_i\, \bar{H}_i$$
$$c_{vM} = \Sigma\, \xi_i\, c_{vi}\,; \qquad c_{pM} = \Sigma\, \xi_i\, c_{pi}$$
$$\bar{C}_{vM} = \Sigma\, \gamma_i\, \bar{C}_{vi}\,; \qquad \bar{C}_{pM} = \Sigma\, \gamma_i\, \bar{C}_{pi}$$
$$M_M = \Sigma\, \gamma_i\, M_i$$

Als Beispiel einer Gasmischung betrachten wir trockene atmosphärische Luft in Bodennähe, die aus Stickstoff, Sauerstoff, Argon und einem sehr geringen Anteil an Restgasen (CO_2, Ne, He, Kr, H_2, X) besteht. Ihre Zusammensetzung geht aus folgender Tabelle hervor, in der $c_{i\text{n}} = n_i/V_\text{n}$ die Molarität im Normzustand $p_\text{n} =$ 1 atm $= 101\ 325$ Pa und $T_n = 273{,}15$ K $\triangleq 0$ °C und $\varrho_{i\text{n}} = m_i/V_\text{n}$ die Normpartialdichte bedeuten. Die eingeklammerten Werte beziehen sich auf reines Argon.

Zusammensetzung trockener atmosphärischer Luft

Gas	M_r	R	$\frac{V_i}{V}$	$\frac{m_i}{m}$	c_{in}	ϱ_{in}
	—	$\frac{\text{J}}{\text{kg K}}$	Vol.-%	Massen-%	$\frac{\text{mol}}{\text{m}^3}$	$\frac{\text{kg}}{\text{m}^3}$
N_2	28,013	296,8	78,03	75,47	34,80	0,974
O_2	31,999	259,8	20,99	23,20	9,37	0,301
Argon und Restgase ...	(39,944)	(208,2)	0,98	1,33	0,46	0,017
Luft	28,964	287,0	100	100	44,63	1,292

§ 5 *Einfache Zustandsänderungen*

Unter einfachen Zustandsänderungen versteht man solche, bei denen entweder eine Zustandsgröße konstant gehalten wird oder die Übertragung von Wärme und/oder Arbeit ausgeschlossen ist.

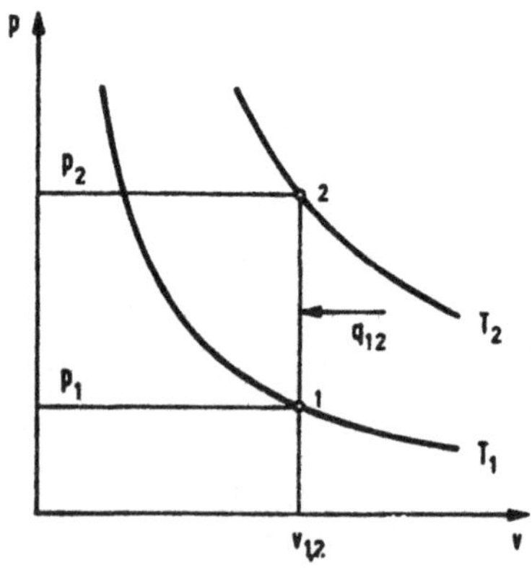

Abb. 4. Isochore (v = const)

Wir nehmen an, daß Arbeit nur als Volumenarbeit auftritt, und unterscheiden folgende Zustandsänderungen:

v = const oder die Isochore (zugleich $a_{12} = 0$)
p = const oder die Isobare
T = const oder die Isotherme
$q_{12} = 0$ oder die Adiabate

Im folgenden werden die Beziehungen zwischen den thermischen und kalorischen Zustandsgrößen bei einfachen Zustandsänderungen idealer Gase zusammengestellt.

Isochore (v = const). Aus der Gasgleichung (4) lesen wir für die Zustände 1 und 2 nach Abb. 4 ab

$$p_1/p_2 = T_1/T_2 \qquad (27)$$

Die zugeführte Wärme q_{12} erhalten wir aus der Gleichung des ersten Hauptsatzes für ideale Gase Gl. (21)

$$q_{12} = u_2 - u_1 = \int_1^2 c_v \, \mathrm{d}T \qquad (28)$$

oder für temperaturunabhängiges c_v:

$$q_{12} = c_v (T_2 - T_1) \qquad (29)$$

Isobare (p = const). Nach dem Gesetz von Gay-Lussac erhalten wir

$$v_1/v_2 = T_1/T_2 \qquad (30)$$

Die bei der isobaren Zustandsänderung von 1 nach 2 (Abb. 5) geleistete Volumenarbeit ist

$$a_{12} = p (v_2 - v_1) \qquad (31)$$

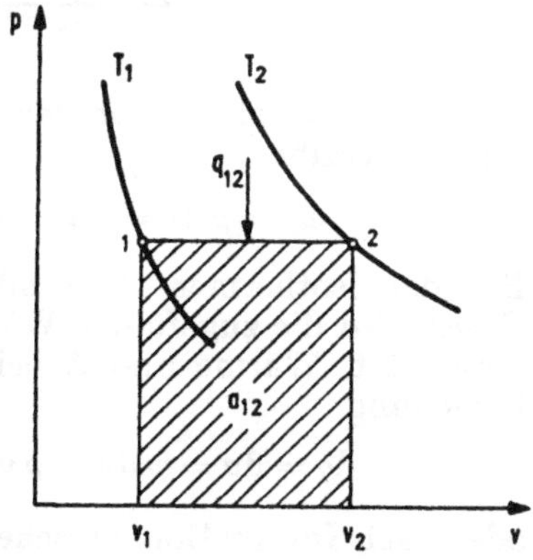

Abb. 5. Isobare (p = const)

Die zugeführte Wärme dient nur zur Erhöhung der Enthalpie, so daß sich für dp = 0 aus Gl. (22) ergibt

$$q_{12} = h_2 - h_1 = \int_1^2 c_p \, \mathrm{d}T \qquad (32)$$

oder für temperaturunabhängiges c_p:

$$q_{12} = c_p (T_2 - T_1)$$

Isotherme ($T = \text{const}$). Nach dem Gesetz von Boyle und Mariotte ist (Abb. 6)

$$p_1 v_1 = p_2 v_2 = \text{const} \qquad \text{oder} \qquad p_1/p_2 = v_2/v_1$$

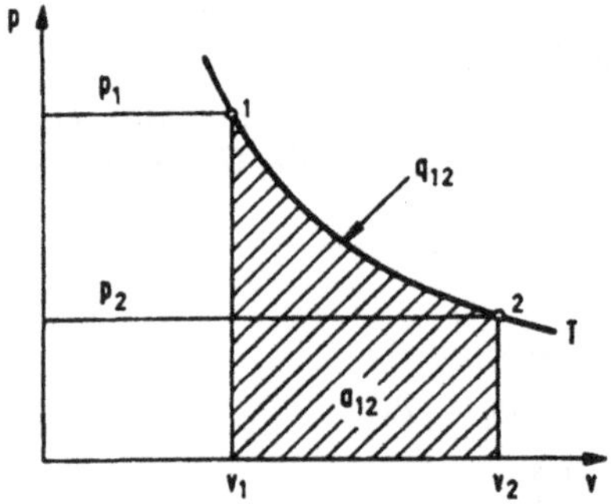

Abb. 6. Isotherme ($T = \text{const}$)

Der erste Hauptsatz für das ideale Gas (Gl. (21)) mit $\mathrm{d}T = 0$ ergibt

$$\mathrm{d}q = p\,\mathrm{d}v = \mathrm{d}a \qquad \text{oder} \qquad q_{12} = a_{12}$$

Bei der isothermen Zustandsänderung eines idealen Gases wird die zugeführte Wärme vollständig in Arbeit umgesetzt. Wärme und Arbeit errechnen sich aus der Beziehung

$$\mathrm{d}q = \mathrm{d}a = p\,\mathrm{d}v = p\,v\,\mathrm{d}v/v = R\,T\,\mathrm{d}v/v$$

oder nach Integration zwischen den Zuständen 1 und 2

$$q_{12} = a_{12} = p_1 v_1 \ln(v_2/v_1) = p_1 v_1 \ln(p_1/p_2) \tag{33}$$

Wärme und Arbeit hängen danach vom Anfangszustand und dem Volumen- bzw. Druckverhältnis ab.

Adiabate ($q_{12} = 0$). Für wärmedichten Abschluß des Systems erhalten wir aus Gl. (21)

$$\mathrm{d}q = c_v\,\mathrm{d}T + p\,\mathrm{d}v = 0 \tag{34}$$

Mit Hilfe der Gl. (17) $c_v = R/(\varkappa - 1)$ und mit Gl. (5) entsteht der Ausdruck

$$[R\,\mathrm{d}T/(\varkappa - 1)] + p\,\mathrm{d}v = [(p\,\mathrm{d}v + v\,\mathrm{d}p)/(\varkappa - 1)] + p\,\mathrm{d}v = 0$$

oder die Differentialgleichung der Adiabate

$$\mathrm{d}p/p + \varkappa\,\mathrm{d}v/v = 0$$

Für konstantes $\varkappa$ ergibt die Integration die Adiabatengleichung

$$\ln p + \varkappa \ln v = \mathrm{const}$$

$$p\,v^{\varkappa} = p_1\,v_1^{\varkappa} = \mathrm{const} \quad \text{oder} \quad p/p_1 = (v_1/v)^{\varkappa} \tag{35}$$

Durch Eliminieren von p erhalten wir eine Beziehung zwischen T und v:

$$T\,v^{\varkappa-1} = T_1\,v_1^{\varkappa-1} = \mathrm{const} \quad \text{oder} \quad T/T_1 = (v_1/v)^{\varkappa-1} \tag{36}$$

und durch Eliminieren von v eine Beziehung zwischen T und p:

$$T/p^{\frac{\varkappa-1}{\varkappa}} = T_1/p_1^{\frac{\varkappa-1}{\varkappa}} = \mathrm{const} \quad \text{oder} \quad T/T_1 = (p/p_1)^{\frac{\varkappa-1}{\varkappa}} \tag{37}$$

Die bei adiabater Expansion geleistete Arbeit ergibt sich aus Gl. (34) zu

$$a_{12} = \int_1^2 p\,\mathrm{d}v = c_v\,(T_1 - T_2) \tag{37 a}$$

wenn c_v konstant angenommen wird. Hieraus wird mit Gl. (17), der Gasgleichung $T = p\,v/R$ und Gl. (36) und Gl. (37)

$$a_{12} = \frac{p_1\,v_1}{\varkappa - 1}\left(1 - \frac{T_2}{T_1}\right) = \frac{p_1\,v_1}{\varkappa - 1}\left[1 - \left(\frac{v_1}{v_2}\right)^{\varkappa-1}\right]$$

$$a_{12} = \frac{p_1\,v_1}{\varkappa - 1}\left[1 - \left(\frac{p_2}{p_1}\right)^{\frac{\varkappa-1}{\varkappa}}\right] \tag{38}$$

Die Arbeit hängt danach außer vom Anfangszustand von der Gasart und vom Temperatur-, Volumen- bzw. Druckverhältnis ab.

Die Neigung der Adiabaten im p, v-Diagramm ist $(\partial p/\partial v)_{ad} = - \varkappa\, p/v$, während die Isotherme die Neigung $(\partial p/\partial v)_T = - p/v$ besitzt. Die Subtangenten (Abb. 7) sind $v/\varkappa$ bei der Adiabaten und v bei der Isothermen. Da für alle Stoffe $\varkappa \geq 1$ ist, verläuft die Adiabate steiler als die Isotherme. Das hat wichtige Folgerungen für den Arbeitsaufwand oder -gewinn bei der Kompression und Expansion von Gasen, auf die wir in Abschnitt VI § 5 näher eingehen werden. Außerdem läßt sich für alle Stoffe beweisen, daß die Neigung der Isothermen und Adiabaten im p, v-Diagramm nie positiv sein kann.

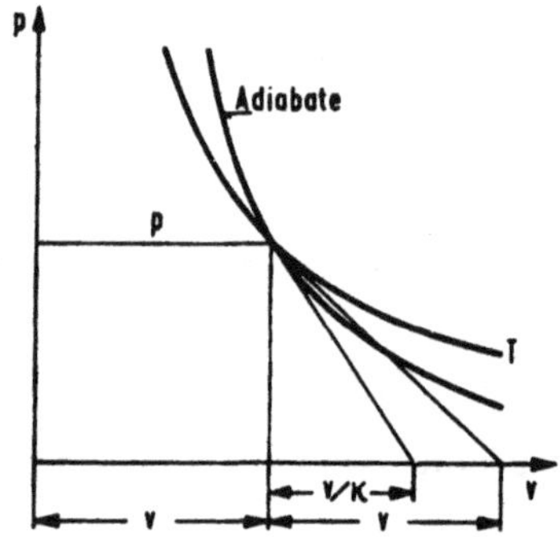

Abb. 7. Subtangenten der Adiabaten und der Isothermen im p, v-Diagramm

Alle für die vier einfachen Zustandsänderungen abgeleiteten Beziehungen bleiben gültig, wenn das System vom Zustand 2 zum Zustand 1 gebracht wird. Dann werden q_{21} und a_{21} negativ, weil hierbei Wärme abzuführen und Arbeit zuzuführen ist.

Als Beispiel für eine adiabate Zustandsänderung eines idealen Gases betrachten wir eine Atmosphäre mit vollständiger Durchmischung. Ein Luftteilchen, das rasch über eine endliche Höhendifferenz transportiert wird, macht eine adiabate Zustandsänderung durch. Damit es auch am neuen Ort mit der Umgebung im Gleichgewicht ist, muß die ganze Atmosphäre adiabat geschichtet sein. In die Gleichung für das mechanische Gleichgewicht (III § 1) $- \mathrm{d}p = \varrho\, g\, \mathrm{d}z$ (mit z als der Höhenkoordinate) muß daher die Adiabatenbeziehung $p = p_0 (\varrho/\varrho_0)^\varkappa$ eingesetzt werden, die aus Gl. (35) folgt. p_0 und ϱ_0 sind die Werte am Boden ($z = 0$). Damit erhält man die Druckverteilung

$$\frac{p}{p_0} = \left(1 - \frac{\varkappa - 1}{\varkappa} \frac{z}{Z_0}\right)^{\frac{\varkappa}{\varkappa - 1}}$$

und mit Gl. (37) die Temperaturverteilung

$$\frac{T}{T_0} = 1 - \frac{\varkappa - 1}{\varkappa} \frac{z}{Z_0},$$

wenn $Z_0 = RT_0/g$ die schon in III § 1 verwendete Maßstabshöhe bedeutet. Die Temperatur fällt also linear mit der Höhe ab mit einem Gradienten

$$\mathrm{d}T/\mathrm{d}z = -g/c_p = -9{,}77\ \mathrm{K/km},$$

wenn $c_p = 1{,}004$ kJ/kg K gesetzt wird. Dieser Temperaturgradient ist (dem Betrage nach) der größtmögliche bei stabiler Atmosphäre.

Polytrope. Die isotherme und die adiabate Zustandsänderung stellen zwei Grenzfälle dar, weil im ersten Fall vollkommene Wärmeübertragung, im zweiten Fall vollkommene Isolierung vorausgesetzt ist. Da beides in praktischen Fällen nicht erreicht werden kann, führt man eine allgemeinere Zustandsänderung durch die Gleichung

$$p\, v^n = p_1\, v_1{}^n = \text{const} \tag{39}$$

ein, in der der Exponent n frei wählbar, jedoch konstant angenommen ist. Diese Zustandsänderung heißt Polytrope. Sie gehört strenggenommen nicht mehr zu den einfachen Zustandsänderungen, da bei ihr Wärme und Arbeit in beiden Richtungen übertragen werden können. Es gelten weitgehend die Gleichungen der Adiabaten, wenn darin $\varkappa$ durch n ersetzt wird, nämlich

$$p/p_1 = (v_1/v)^n\,; \qquad T/T_1 = (v_1/v)^{n-1} = (p/p_1)^{\frac{n-1}{n}} \tag{40}$$

$$a_{12} = \int_1^2 p \, dv = \frac{p_1 v_1}{n-1} \left[1 - \left(\frac{v_1}{v_2} \right)^{n-1} \right] =$$

$$= \frac{p_1 v_1}{n-1} \left[1 - \left(\frac{p_2}{p_1} \right)^{\frac{n-1}{n}} \right] \tag{41}$$

$$a_{12} = c_v \frac{\varkappa - 1}{n-1} (T_1 - T_2) \tag{42}$$

In Gl. (42) bleibt $(\varkappa - 1)$ im Zähler stehen, weil Gl. (17) benutzt wurde. Für die übertragene Wärme erhält man aus dem ersten Hauptsatz in der Form

$$q_{12} = a_{12} - c_v (T_1 - T_2)$$

und mit Gl. (42) die Beziehung

$$q_{12} = c_v \frac{n - \varkappa}{n-1} (T_2 - T_1) = c_n (T_2 - T_1) \tag{43}$$

Darin ist c_n als spezifische Wärmekapazität der Polytropen eingeführt. Der Quotient aus Wärme und Arbeit wird

$$q_{12}/a_{12} = (\varkappa - n)/(\varkappa - 1) \tag{44}$$

Die oben behandelten einfachen Zustandsänderungen können als Sonderfälle der Polytropen nach Gl. (39) mit bestimmten Werten des Exponenten n aufgefaßt werden. Man erhält nämlich

die Isochore (v = const) mit $n = \infty$
die Isobare (p = const) mit $n = 0$
die Isotherme (T = const) mit $n = 1$
die Adiabate ($q_{12} = 0$) mit $n = \varkappa$

Zieht man durch einen Punkt eines p, v-Diagramms die Adiabate und die Isochore (Abb. 8), so liegen die Endpunkte aller von diesem Anfangszustand ausgehenden Zustandsänderungen oberhalb der Adiabaten bei Wärmezufuhr ($q > 0$) und rechts der Isochoren bei Arbeitsabgabe ($a > 0$). Für die Flächen unterhalb der Adiabaten und links der Isochoren gelten die entgegengesetzten Vorzeichen ($q < 0$ und $a < 0$). Im schraffierten Gebiet von Abb. 8 sind Wärme- und Arbeitsübertragung gleichgerichtet. Hier ist $\varkappa < n < \infty$ und daher der Quotient von Gl. (44) negativ, da wir immer zugeführte Wärme positiv und zugeführte Arbeit negativ rechnen. Bei entsprechender Steuerung der Wärme- und Arbeitsübertragung ist jeder Punkt des Diagramms erreichbar. Hierauf beruhen die Kreisprozesse der Wärmekraft- und -arbeitsmaschinen.

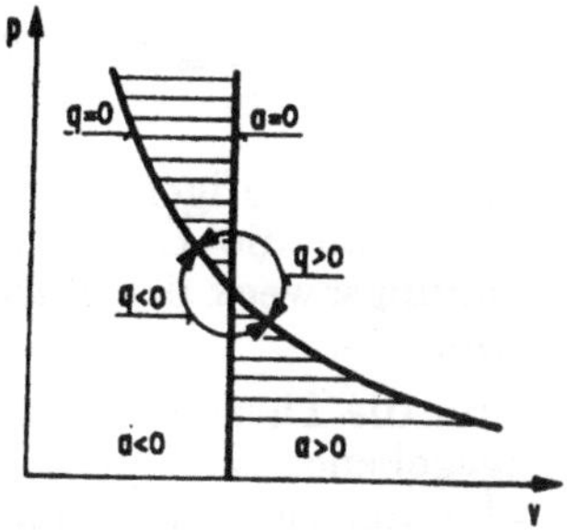

Abb. 8. Wärme- und Arbeitsübertragung im p, v-Diagramm

Die Bezeichnung Adiabate gilt für jede Zustandsänderung mit wärmedichten Systemgrenzen. Die vorstehend behandelte Zustandsänderung ist eine spezielle Form davon, nämlich die reversible Adiabate. Diese werden wir später (IV § 3) Isentrope nennen.

§ 6 Kreisprozesse. Carnot-Prozeß

Nach Abschnitt II § 1 ist bei einem Kreisprozeß

$$\oint \mathrm{d}q = \oint \mathrm{d}a \tag{45}$$

während $\oint \mathrm{d}u = 0$ ist. Die Kreisintegrale in Gl. (45) bedeuten die algebraische Summe aller zu- und abgeführten Wärmen und Arbeiten. Häufig zählt man die Summe der zugeführten Wärmen q_{zu} und die der abgeführten Wärmen q_{ab} getrennt, wobei der Index „ab" an die Stelle des Minuszeichens tritt, und schreibt für die resultierende abgeführte Arbeit

$$a = q_{zu} - q_{ab} \tag{46}$$

Das Verhältnis von abgeführter Arbeit zu zugeführter Wärme bezeichnet man beim rechtsläufigen Kreisprozeß als den thermischen Wirkungsgrad η_{th} einer Maschine:

$$\eta_{th} = \frac{a}{q_{zu}} = \frac{q_{zu} - q_{ab}}{q_{zu}} = 1 - \frac{q_{ab}}{q_{zu}} = \frac{1}{1 + (q_{ab}/a)} \tag{47}$$

Beim linksläufigen Kreisprozeß (Arbeitsmaschine) benutzt man die Leistungsziffer, die je nach dem Verwendungszweck der Maschine verschieden definiert sein kann.

Für die Thermodynamik hat ein von S. Carnot (1824) angegebener Kreisprozeß besondere Bedeutung. Er besteht aus vier einzelnen Zustandsänderungen (Abb. 9), nämlich zwei Isothermen mit den Temperaturen T und T_0 ($T > T_0$) und zwei Adiabaten. Die Wärmezufuhr bei T und die Wärmeabfuhr bei T_0 werden dadurch hervorgebracht, daß während dieser Zustandsänderungen das System mit je einem Wärmebehälter großer Kapazität der Temperatur T bzw. T_0 in wärmeleitender Verbindung steht. Zur Berechnung des thermischen Wirkungsgrades stellen wir die übertragenen Wärmen und Arbeiten nach § 5 tabellarisch zusammen, wobei die spezifischen Wärmekapazitäten konstant angenommen werden.

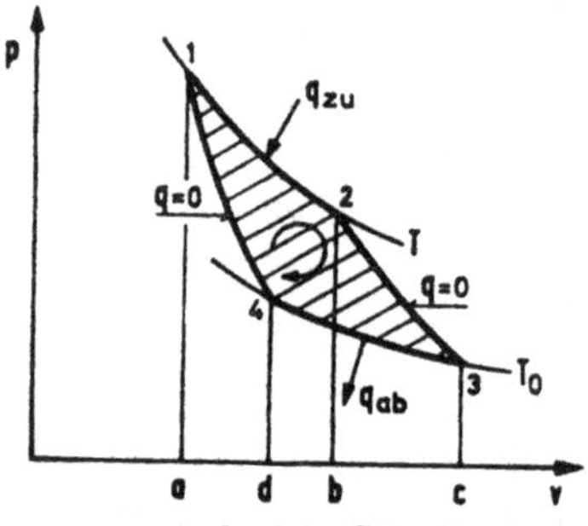

Abb. 9. Rechtsläufiger Carnot-Prozeß eines idealen Gases im p, v-Diagramm

Für das Verhältnis der ab- und zugeführten Wärmen erhalten wir

$$\frac{q_{ab}}{q_{zu}} = \frac{R\,T_0 \ln (v_3/v_4)}{R\,T \ln (v_2/v_1)}$$

Zustandsänderung	Arbeit a	Wärme q
Isotherme 1—2 T = const	Fläche 1 2 b a $a_{12} = RT \ln (v_2/v_1)$	$q_{12} = a_{12} = q_{zu}$
Adiabate 2—3	Fläche 2 3 c b $a_{23} = c_v (T - T_0)$	$q_{23} = 0$
Isotherme 3—4 T_0 = const	Fläche 3 4 d c $a_{34} = - RT_0 \ln (v_3/v_4)$	$q_{34} = a_{34} = - q_{ab}$
Adiabate 4—1	Fläche 4 1 a d $a_{41} = - c_v (T - T_0)$	$q_{41} = 0$
	$a_{23} + a_{41} = 0$	$q_{ab}/q_{zu} = T_0/T$

Nach Gl. (36) können wir schreiben

$$(T_0/T)^{\frac{1}{\varkappa - 1}} = v_1/v_4 = v_2/v_3 \quad \text{oder} \quad v_3/v_4 = v_2/v_1 ,$$

da die vier spezifischen Volumina auf den Endpunkten zweier Adiabaten zwischen denselben Temperaturen T_0 und T liegen. Damit wird der thermische Wirkungsgrad des rechtsläufigen Carnot-Prozesses eines idealen Gases

$$\eta_C = 1 - \frac{q_{ab}}{q_{zu}} = 1 - \frac{T_0}{T} = \frac{T - T_0}{T} \tag{48}$$

Das Ergebnis lautet in Worten: beim rechtsläufigen Carnot-Prozeß des idealen Gases verhalten sich die zu- und abgeführten Wärmen wie die thermodynamischen Temperaturen der beiden Isothermen. Mit $q_{34} = - q_{ab}$ können wir auch schreiben

$$\frac{q_{12}}{T} + \frac{q_{34}}{T_0} = 0$$

oder allgemein

$$\sum \frac{q}{T} = 0 \tag{49}$$

Beim linksläufigen Carnot-Prozeß wird unter Zufuhr von Arbeit Wärme bei der tieferen Temperatur T_0 dem System zugeführt und bei der höheren Temperatur T abgegeben. Entspricht T der Umgebungstemperatur, so haben wir es mit einer Kältemaschine mit der Kühlraumtemperatur T_0 zu tun, deren Leistungsziffer ε durch die Gleichung

$$\varepsilon_K = \frac{q_{zu}}{a} = \frac{T_0}{T - T_0}$$

definiert ist. Hierbei ist q_{zu} die dem Kühlraum entzogene Wärme, die meist „Kälte" genannt wird. Arbeitet die Maschine in einem solchen Temperaturbereich, daß T_0 der Umgebungstemperatur entspricht, so nennt man sie Wärmepumpe. Hierbei wird Wärme bei T_0 aufgenommen und bei der höheren Temperatur T unter Zufuhr von Arbeit abgegeben. Die Leistungsziffer ist in diesem Falle durch

$$\varepsilon_W = \frac{q_{ab}}{a} = \frac{T}{T - T_0} = 1 + \varepsilon_K$$

definiert. Da sowohl ε_K wie ε_W größer als eins werden können, vermeidet man hierfür die Bezeichnung Wirkungsgrad.

IV Zweiter Hauptsatz

§ 1 Reversible und irreversible Zustandsänderungen

Die Erfahrung zwingt uns, zwei Arten von Zustandsänderungen zu unterscheiden, nämlich solche, die durch Richtungsumkehr vollständig und ohne bleibende Veränderungen rückgängig gemacht werden können, und solche, bei denen das nicht gelingt. Die ersten nennen wir reversible, die zweiten irreversible Zustandsänderungen. Dabei verstehen wir unter bleibenden Veränderungen auch z. B. die Zufuhr von Arbeit zum System, die wir uns nach I § 3 als Gewichtsabsenkung in der Umgebung, also als bleibende Veränderung vorstellen können.

Ein Beispiel soll den Unterschied verdeutlichen. Wir vergleichen die isotherme Expansion eines idealen Gases mit der adiabaten Expansion im Jouleschen Überströmversuch (Abb. 10). Dabei sollen die Anfangs- und Endzustände in beiden Fällen die gleichen sein. Im ersten Falle soll das System während der Zustandsänderung ständig im mechanischen und thermischen Gleichgewicht stehen, so daß ein Wertepaar p und T zur Kennzeichnung des Zustandes genügt. Expansionsarbeit a_{12} und zugeführte Wärme q_{12} sind einander gleich und betragen nach Gl. (III 33)

$$a_{12} = q_{12} = p_1 v_1 \ln (v_2/v_1)$$

Die gewonnene Arbeit wird als potentielle Energie eines Gewichtes in der Umgebung gespeichert. Ein solcher Vorgang kann jederzeit gestoppt und durch Richtungsumkehr ohne bleibende Veränderungen im System oder in der Umgebung rückgängig gemacht werden; er ist demnach reversibel.

Im zweiten Falle wird die Zustandsänderung durch plötzliche Entfernung der in Abb. 10 mit W bezeichneten Zwischenwand in Gang gesetzt. Das Gas expandiert spontan und ohne Leistung äußerer Arbeit in das freigewordene Volumen hinein und nimmt nach Abklingen der Strömungsvorgänge den neuen Gleichgewichtszustand ein, der beim idealen Gas durch $T_1 = T_2$ gekennzeichnet ist. Während der regellosen Expansion können wir den Zustand des Systems nicht mit Hilfe einer endlichen Zahl von Zustandsgrößen beschreiben und die Fläche unter einer Expansionskurve im p, v-Diagramm hat (im Gegensatz zur reversiblen isothermen

Expansion) nicht die Bedeutung einer Arbeit. Nach Voraussetzung ist aus der Umgebung keine Wärme übertragen worden. Die innere Energie des Gases ist konstant geblieben.

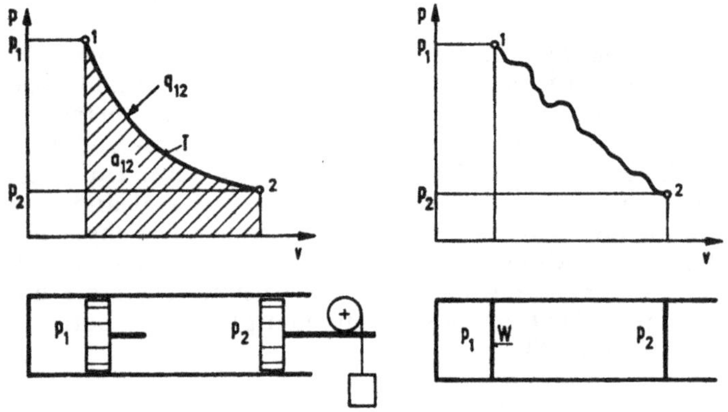

Abb. 10. Reversible und irreversible Expansion

Um diese spontane Zustandsänderung rückgängig zu machen, d. h. um das System vom Zustand 2 in den Zustand 1 zu bringen, komprimieren wir im ersten Schritt das Gas isotherm von p_2 auf p_1.

Hierbei ist nach Gl. (III 33) die Arbeit $a_{21} = p_2 v_2 \ln (v_1/v_2)$ aufzuwenden und die Wärme $q_{21} = a_{21}$ abzuführen. Diese Wärme denken wir uns in einem Wärmebehälter großer Kapazität mit der Temperatur $T = T_1 = T_2$ gespeichert. Die Arbeit a_{21}, die ein negatives Vorzeichen hat, ist durch Gewichtsabsenkung in der Umgebung aufgebracht. Im zweiten Schritt entnehmen wir dem Wärmebehälter mit der Temperatur T die Wärme q_{21}, verwandeln sie in die gleich große Arbeit a_{21} und heben damit das Gewicht in der Umgebung auf sein ursprüngliches Niveau. Dadurch wäre die spontane adiabate Expansion eines idealen Gases vollständig rückgängig gemacht.

Die im zweiten Schritt benutzte Maschine (Abb. 11) müßte in der Lage sein, die einem Wärmebehälter entnommene Wärme vollständig in Arbeit zu verwandeln,

Abb. 11. Perpetuum mobile zweiter Art. K Kreisprozeßmaschine

ohne bleibende Veränderungen zu hinterlassen. Dazu müßte die Maschine selbst einen Kreisprozeß durchmachen, damit das Arbeitsmedium den ursprünglichen Zustand wieder erreicht. Aus vielfacher Erfahrung wissen wir, daß spontane Zustandsänderungen der genannten Art nicht vollständig rückgängig gemacht werden können. Daraus müssen wir schließen, daß die im zweiten Schritt benutzte Maschine nicht existiert. Sie wäre z. B. in der Lage, die innere Energie unserer Umgebung, der Erdkruste, des Weltmeeres und der Atmosphäre, in Arbeit zu verwandeln. So könnte ein Schiff seine Antriebsleistung dem Meere entnehmen und einen Streifen abgekühlten Wassers hinter sich lassen. Oder wir könnten Kälteanlagen bauen, die Arbeit abgeben statt Arbeit zu verbrauchen. Eine solche Arbeitsweise wäre mit dem ersten Hauptsatz verträglich, wegen des für menschliche Maßstäbe unerschöpflichen Energievorrats der Umgebung besäßen wir trotzdem eine Maschine mit ewiger Laufzeit ohne Brennstoffversorgung. Man nennt daher eine derartige Anordnung nach Abb. 11 ein Perpetuum mobile zweiter Art.

Als zweites Beispiel eines irreversiblen Prozesses betrachten wir den Jouleschen Rührversuch (vgl. II § 1). Hierbei wird einem gegen Wärmeübertragung geschützten System (dem Kalorimeter) mechanische Arbeit zugeführt, wodurch seine innere Energie ansteigt. Auch um diesen Prozeß vollständig rückgängig zu machen, d. h. um das bei der Arbeitszufuhr abgesenkte Gewicht wieder zu heben, würden wir das Perpetuum mobile zweiter Art brauchen, das allein auf Kosten der inneren

Energie eines Behälters Arbeit leisten kann. In ähnlicher Weise können wir zahlreiche weitere irreversible Prozesse mit dem gleichen Ergebnis behandeln. Die Unmöglichkeit, derartige Prozesse vollständig rückgängig zu machen, zwingt uns zu der Annahme, daß ein Perpetuum mobile zweiter Art nicht existiert. Damit haben wir eine grundlegende Aussage des zweiten Hauptsatzes der Thermodynamik gewonnen, den wir daher auch als das Prinzip vom verbotenen Perpetuum mobile zweiter Art bezeichnen.

Dieses Prinzip ist von Max Planck in folgender Weise ausgesprochen worden: Es ist unmöglich, eine periodisch funktionierende Maschine zu konstruieren, die weiter nichts bewirkt als Hebung einer Last und Abkühlung eines Wärmereservoirs. In dieser Formulierung sind die Werte „periodisch funktionierend“ und „weiter nichts“ von besonderer Bedeutung. Die reversible isotherme Expansion eines idealen Gases (vgl. III § 5) gibt uns durchaus die Möglichkeit, die einem Wärmereservoir entnommene Wärme vollständig in Arbeit zu verwandeln. Aber eine solche Maschine funktioniert nicht periodisch, da durch die Gasentspannung das Arbeitsmedium bleibend verändert ist.

Die beiden als Beispiele verwendeten irreversiblen Prozesse, der Überströmversuch und der Rührversuch, legen es nahe, zwei Arten irreversibler Vorgänge zu unterscheiden, die spontanen und die erzwungenen Zustandsänderungen. Die erstgenannten setzen einen gehemmten Gleichgewichtszustand (vgl. I § 2) voraus und laufen nach Beseitigung der Hemmung ohne weitere äußere Einwirkung, also auch im vollständig abgeschlossenen System, von selbst ab, bis der neue Gleichgewichtszustand erreicht ist.

Beispiele für spontane irreversible Zustandsänderungen sind:

Druckausgleich zwischen Behältern (Joulescher Überströmversuch),

Abkühlung eines wärmeren Körpers in einer kälteren Umgebung,

Molare und molekulare Vermischung (Diffusion) nach Beseitigung einer Trennwand,

Verbrennung, Explosion und Detonation reaktionsfähiger Gemische nach einer Initialzündung,

Zahlreiche andere chemische Reaktionen nach Einbringen eines Katalysators.

Die erzwungenen irreversiblen Zustandsänderungen kommen nur durch Zufuhr von Arbeit ($-A_{irr}$) zustande. Beispiele sind:

Joulescher Rührversuch,

Strömung mit Reibung,

Stromdurchgang durch elektrische Leiter,

Plastische Verformung,

Drosselung (Joule-Thomson-Versuch).

Zwischen diesen beiden Arten irreversibler Zustandsänderungen gibt es Übergangsformen. So läuft meist nach Abstellen des erzwungenen Vorgangs ein spontaner Vorgang ab, bis alle Unterschiede intensiver Größen abgeklungen sind. Auch die Wahl der Systemgrenzen kann einen Einfluß darauf haben, ob eine Zustandsänderung der einen oder der anderen Art zuzurechnen ist.

Um eine Zustandsänderung rechnerisch beschreiben oder zeichnerisch in einem Diagramm darstellen zu können, muß sich der Zustand des Systems zu jedem Zeitpunkt eindeutig kennzeichnen lassen (vgl. I § 1). Diese Bedingung ist für reversible Zustandsänderungen, die ja durch lauter Gleichgewichtszustände führen, stets erfüllt. Da sich aber im Gleichgewicht der Zustand eines Systems nicht von selbst ändert, kann eine Zustandsänderung nur durch (im Grenzfall infinitesimale) Einwirkungen von außen zustande kommen, die das Gleichgewicht stören. Daher sind alle in einer endlichen Zeit ablaufenden Zustandsänderungen strenggenommen nicht reversibel. Die reversible Zustandsänderung ist ein Grenzfall, dem man sich in praktischen Fällen beliebig nähern kann. Zustandsänderungen, die in der Nähe von Gleichgewichtszuständen verlaufen und bei denen die Bedingungen für ein thermodynamisches System (vgl. I § 1) eingehalten sind, nennt man quasistatisch. Reversible Zustandsänderungen sind immer quasistatisch. Die in III § 5 abgeleiteten einfachen Zustandsänderungen idealer Gase sind streng reversibel. Das folgt schon daraus, daß zu ihrer Ableitung die Gasgleichung benutzt wurde. Eine Zustandsgleichung ist eine Beziehung zwischen Gleichgewichtszuständen. Auch der Carnot-Prozeß des idealen Gases (III § 6) ist ein reversibler Kreisprozeß.

§ 2 Verallgemeinerung des Carnot-Prozesses

Das Prinzip vom verbotenen Perpetuum mobile zweiter Art erlaubt es, den in III § 6 behandelten Carnot-Prozeß des idealen Gases sowohl auf beliebige Arbeitsmedien als auch auf beliebige reversible Kreisprozesse zu erweitern. Wir betrachten hierzu zwei Wärmebehälter 1 und 2 mit den Temperaturen T_1 und $T_2 < T_1$, zwischen denen zwei Maschinen (*a*) und (*b*) nach dem Carnot-Prozeß arbeiten, die wir kurz Carnot-Maschinen nennen wollen (Abb. 12). Die Maschine (*a*) führt einen rechtsläufigen Carnot-Prozeß mit einem idealen Gas, die Maschine (*b*) einen linksläufigen mit einem beliebigen Arbeitsmedium aus. Maschine (*a*) empfängt die Wärme

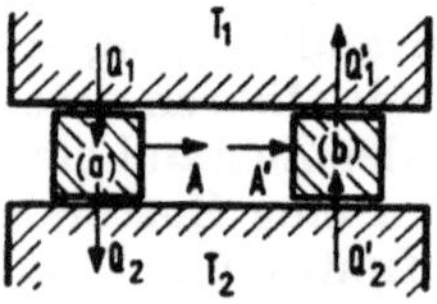

Abb. 12. Verallgemeinerung des Carnot-Prozesses

Q_1 vom Behälter 1 und gibt Q_2 an Behälter 2 und die Arbeit A ab, die gerade zum Antrieb der Wärmepumpe

(Maschine b) ausreichen soll ($|A| = |A'|$). Die Wärmepumpe entnimmt die Wärme Q_2' dem Behälter 2 und gibt Q_1' an Behälter 1 ab. Nach dem ersten Hauptsatz ist

$$|A| = |A'| = Q_1 - Q_2 = |Q_1'| - |Q_2'|$$

Sofern $|Q_1'| > |Q_1|$ wäre, müßte auch $|Q_2'| > |Q_2|$ sein, d. h. es würde ohne Arbeitszufuhr von außen dem Behälter 2 Wärme entzogen und dem Behälter 1 zugeführt. Das wäre die Umkehr eines irreversiblen Prozesses, nämlich der Wärmeleitung unter dem endlichen Temperaturgefälle $T_1 - T_2$, ohne bleibende Veränderungen. Da ein irreversibler Vorgang nur mit bleibenden Veränderungen rückgängig gemacht werden kann, muß die Annahme $|Q_1'| > |Q_1|$ falsch sein.

Nehmen wir weiterhin an, es wäre $|Q_1'| < |Q_1|$, so müßte auch $|Q_2'| < |Q_2|$ sein. Durch Umkehr der Prozeßrichtung der Carnot-Maschinen (a) und (b) kommen wir zu dem gleichen Widerspruch wie oben. Es bleibt nur noch die Annahme $Q_1 = Q_1'$, so daß eine Carnot-Maschine mit beliebigem Arbeitsmedium den gleichen Wirkungsgrad wie die mit einem idealen Gas arbeitende hat.

Dieses Ergebnis können wir dazu benutzen, die thermodynamische Temperatur unabhängig von den Eigenschaften einer bestimmten Substanz zu definieren. Diese Definitionsgleichung lautet

$$T_1/T_2 = Q_1/Q_2 \qquad (1)$$

und bedeutet in Worten: das Verhältnis der thermodynamischen Temperaturen T_1 und T_2 zweier Wärmebehälter ist gleich dem Verhältnis der übertragenen Wärmen bei einem rechtsläufigen Carnot-Prozeß mit einem beliebigen Arbeitsmedium, der zwischen den Temperaturen T_1 und T_2 abläuft. Die so definierte thermodynamische Temperatur ist wegen Gl. (III 48) identisch mit der durch die Gasgleichung $p\,v = R\,T$ definierten thermodynamischen Temperatur. Wir könnten weitere, aus dem zweiten Hauptsatz ableitbare

Gleichungen zur Definition von T benutzen, doch besteht dafür kein Bedürfnis, da Gl. (1) als definierende Gleichung ausreicht. Gl. (1) widerspricht nicht der Einführung der Temperatur als Basisgröße durch den nullten Hauptsatz, denn Gl. (1) beschreibt nur eine Eigenschaft der thermodynamischen Temperatur. Wie bei jeder Definition einer physikalischen Größe sind wir in der Skalierung, also der Wahl der Einheit, völlig frei. Wir können, wie früher üblich und in I § 2 näher ausgeführt, z.B. den Fundamentalabstand in 100 Teile teilen, also

$$1\ \text{Temperatureinheit} = (T_\mathrm{D} - T_\mathrm{E})/100$$

definieren (T_D und T_E bedeuten die Temperaturen des Dampfpunkts und des Eispunkts), oder wir können (gemäß den heutigen Festlegungen) der Temperatur des Tripelpunkts T_T einen festen Wert geben:

$$1\ \text{Kelvin} = T_\mathrm{T}/273{,}16$$

Diese oder beliebige andere Definitionen der Einheiten beeinflussen nicht die Größendefinition nach Gl. (1).

Die in Abb. 12 skizzierte Anordnung kann auch zur Verallgemeinerung des Carnot-Prozesses auf beliebige reversible Kreisprozesse benutzt werden. Hierbei sei die Maschine (*a*) eine Carnot-Maschine mit einem rechtsläufigen Prozeß, die Maschine (*b*) eine Kreisprozeßmaschine mit einem beliebigen linksläufigen reversiblen Prozeß. Die Maschinen seien so ausgelegt, daß der Wärmebehälter 1 gleichviel Wärme abgibt und erhält, daß also $|Q_1| = |Q_1'|$ ist. Nach dem ersten Hauptsatz ist $A = Q_1 - Q_2$ und $|A'| = |Q_1'| - |Q_2'|$. Hätte der Carnot-Prozeß den besseren Wirkungsgrad, so müßte $|Q_2| < |Q_2'|$ sein, da $|A| > |A'|$ wäre. Es stände dann die Arbeit $\Delta A = A - |A'|$ zur Verfügung, die aus der dem Wärmebehälter 2 entzogenen Wärme $\Delta Q = |Q_2'| - |Q_2|$ stammt. Eine solche Anordnung wäre ein Perpetuum mobile zweiter Art, das nach unseren früheren Überlegungen nicht existieren kann. Durch Umkehr der Prozeßrichtung läßt sich nachweisen, daß die Carnot-Maschine (*a*) auch keinen kleineren Wirkungsgrad als die Kreisprozeßmaschine (*b*) haben kann. Der Wirkungsgrad beider Maschinen muß gleich sein.

Der Wirkungsgrad des Carnot-Prozesses, auch Carnot-Faktor genannt

$$\eta_C = \frac{A}{Q_1} = \frac{T_1 - T_2}{T_1} \tag{2}$$

ist damit vom Arbeitsmedium und von der Art der verwendeten „Maschinen" unabhängig, obwohl er zunächst für ein sehr spezielles System, das ideale Gas in einer Carnot-Maschine, abgeleitet wurde. Immer, wenn zwischen festen Temperaturen T_1 und T_2 ein reversibler rechtsläufiger Kreisprozeß abläuft, wird der Bruchteil $A = \eta_C Q_1$ der zugeführten Wärme Q_1 in Arbeit A verwandelt. Sind die beiden Temperaturen T und $T + \mathrm{d}T$, so ist die gewonnene Arbeit

$$\mathrm{d}A = Q\,\mathrm{d}T/T \tag{3}$$

Dieser Ausdruck spielt bei der Berechnung thermodynamischer Gleichgewichte nach der „Methode der Kreisprozesse" eine Rolle.

Die Anordnung von Abb. 12 erlaubt auch eine Aussage über den Wirkungsgrad eines Kreisprozesses, der irreversible Zustandsänderungen enthält. Maschine (*a*) vollführe einen rechtsläufigen irreversiblen, Maschine (*b*) einen linksläufigen reversiblen Kreisprozeß. Wäre der Wirkungsgrad beider Maschinen gleich, so würden keine bleibenden Veränderungen entstehen, was der Voraussetzung widerspräche. Wäre $\eta > \eta'$, so müßte auch

$$\frac{|Q_1| - |Q_2|}{|Q_1|} > \frac{|Q'_1| - |Q'_2|}{|Q'_1|}$$

sein, oder es müßte mit der Annahme $|Q_1| = |Q'_1|$ auch $|Q_2| < |Q'_2|$ sein. Dann stände die Arbeit $\Delta A = |A| - |A'|$ zur Verfügung, die allein aus der dem Wärmebehälter 2 entzogenen Wärme $\Delta Q = |Q_2'| - |Q_2|$ stammt. Das wäre ein Perpetuum mobile zweiter Art. Es bleibt nur die Annahme $\eta' < \eta$ übrig, oder in allgemeiner Form

$$\eta_{irr} < \eta_{rev} = \eta_C \quad (4)$$

Jeder irreversible Kreisprozeß hat einen kleineren Wirkungsgrad als ein reversibler Kreisprozeß. Die bisher gewonnenen Aussagen über reversible und irreversible Zustandsänderungen waren vorwiegend qualitativ. Im folgenden Abschnitt werden wir zu quantitativen Aussagen kommen.

§ 3 Entropie

Zur quantitativen Kennzeichnung reversibler und irreversibler Prozesse suchen wir eine geeignete Zustandsgröße. Um hierfür die Ergebnisse der letzten Abschnitte nutzbar zu machen, betrachten wir einen beliebigen reversiblen Kreisprozeß eines idealen Gases (Abb. 13). Damit dieser Kreisprozeß nicht nur für das Arbeitsmedium, sondern auch für die am Prozeß beteiligten Wärmebehälter reversibel ist, brauchen wir eine Vielzahl von Wärmebehältern verschiedener Temperaturen, um an allen Stellen des Prozesses Wärme mit verschwindendem Temperaturgefälle, also reversibel, auf das Arbeitsmedium übertragen zu können. Wir legen in das p, v-Diagramm der Abb. 13 ein Netz von Isothermen und Adiabaten und können damit einen elementaren Carnot-Prozeß zwischen den Temperaturen T und T_0 kennzeichnen, für den nach Gl. (III 49)

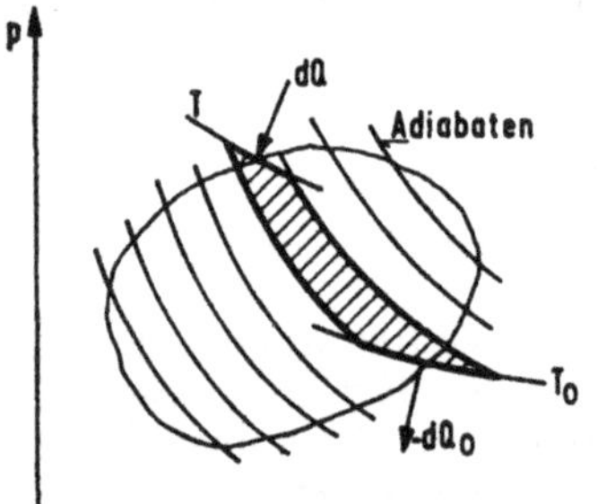

Abb. 13. Zur Ableitung der Entropie

$$dQ/T + dQ_0/T_0 = 0 \quad (5)$$

gilt, wenn $\mathrm{d}Q$ die zugeführte und $\mathrm{d}Q_0$ die abgeführte Wärme bedeuten ($\mathrm{d}Q_0 < 0$). Der reversible Kreisprozeß läßt sich durch das Netz der Isothermen und Adiabaten beliebig genau annähern, so daß wir für das Kreisintegral

$$\oint \mathrm{d}Q/T = \oint \mathrm{d}S = 0 \tag{6}$$

erhalten. Die hierbei durch die Gleichung

$$\mathrm{d}S = \mathrm{d}Q/T \tag{7}$$

definierte Größe S nennen wir Entropie. Sie ist wegen Gl. (6) eine Zustandsgröße [vgl. Gl. (I 1)]. Gl. (6) bedeutet in Worten: die algebraische Summe aller zu- und abgeführten Wärmen, dividiert durch die jeweilige Temperatur des Systems, die bei der Wärmeübertragung herrscht, ergibt über einen geschlossenen Weg Null. Da Gl. (5) nach Gl. (2) für beliebige Arbeitsmedien gilt, ist auch Gl. (6) nicht auf ideale Gase beschränkt. Bei einem reversiblen Kreisprozeß gilt Gl. (6) sowohl für die Maschine wie für die Wärmebehälter, da die Temperaturen beider in jedem Zeitpunkt übereinstimmen müssen. Ist der Kreisprozeß irreversibel, so ist wegen $\eta_{\mathrm{irr}} < \eta_{\mathrm{rev}}$ seine Arbeitsausbeute bei gleicher zugeführter Wärme kleiner, oder die abgeführte Wärme, die in Gl. (5) negativ gezählt wird, größer. Daher erhalten wir für das Arbeitsmedium

$$\oint_{\mathrm{irr}} \mathrm{d}Q/T < 0 \tag{8}$$

Da andererseits die durch Gl. (7) definierte Entropie S eine Zustandsgröße ist, gilt für irreversible Kreisprozesse

$$\oint \mathrm{d}Q/T < \oint \mathrm{d}S \tag{9}$$

Wir können daher Gl. (7) auch auf irreversible Zustandsänderungen erweitern und schreiben

$$\mathrm{d}S \geq \mathrm{d}Q/T \tag{10}$$

wobei das Gleichheitszeichen für den reversiblen Fall gilt. Es ist zweckmäßig, in Gl. (10), die auch Clausiussche

Ungleichung genannt wird, einen zusätzlichen Summanden einzuführen, der aus der Ungleichung eine Gleichung macht, indem man die Entropieänderung eines Systems $\mathrm{d}S$ in einen von außen durch Wärmeübertragung verursachten Anteil $\mathrm{d}S_a$ und einen inneren Anteil $\mathrm{d}S_i$ zerlegt gemäß der Gleichung

$$\mathrm{d}S = \mathrm{d}S_a + \mathrm{d}S_i \tag{11}$$

Entsprechend Gl. (10) gelten die Bedingungen

$$\mathrm{d}S_a = \mathrm{d}Q/T \quad \text{und} \quad \mathrm{d}S_i \geq 0 \tag{12}$$

Das Gleichheitszeichen der rechten Gleichung gilt wieder für den reversiblen Fall. Da $\mathrm{d}S_i$ nur für irreversible Zustandsänderungen von Null verschieden ist, kann es auch als $\mathrm{d}S_{irr}$ gelesen werden. Die Berechnung von $\mathrm{d}S_i$ wird später behandelt werden (vgl. IV § 5).

Mit diesen Festlegungen ist die Entropie die geeignete Zustandsgröße, um reversible und irreversible Zustandsänderungen auch quantitativ zu beschreiben. Wir unterscheiden nach Gl. (11) und (12) folgende vier Fälle.

1. $\mathrm{d}S_i = 0$; $\mathrm{d}S = \mathrm{d}S_a = \mathrm{d}Q/T$. Das System macht nur reversible Zustandsänderungen durch, kann aber Wärme aufnehmen oder abgeben. Seine Entropie kann je nach der Richtung des Wärmestroms zu- oder abnehmen. Verwandeln wir z. B. die Masse $m = 1$ kg eines gesättigten Wasserdampfes von $T = 373{,}15$ K $\triangleq$ 100 °C in flüssiges Wasser, so muß dazu die sogenannte Verdampfungsenthalpie, hier gleich 2256,9 kJ als Wärme abgeführt werden. Die Entropie des Systems ändert sich dabei um $S_2 - S_1 = -$ 2256,9 kJ/373,15 K $= -$ 6,048 kJ/K.

2. $\mathrm{d}S_i > 0$; $\mathrm{d}S_a = \mathrm{d}Q/T \neq 0$. Das System macht eine irreversible Zustandsänderung bei gleichzeitiger Wärmeübertragung durch. Seine Gesamtentropie kann je nach der Größe und dem Vorzeichen von $\mathrm{d}S_a$ zu- oder abnehmen. Denn der von $\mathrm{d}S_i$ herrührende Entropiezuwachs kann auch durch Wärmeentzug ($\mathrm{d}S_a < 0$)

überkompensiert werden. Strömt beispielsweise eine Flüssigkeit durch eine Rohrleitung, so macht sie infolge der Reibung eine irreversible Zustandsänderung durch. Die Entropie der Flüssigkeit ist bei adiabater Rohrwand am Rohrende größer als am Anfang. Dieser Entropiezuwachs kann durch Wärmezufuhr vergrößert, durch Wärmeentzug verkleinert, aufgehoben oder in eine Entropieabnahme verwandelt werden.

3. $dS_i > 0$; $dS_a = 0$. Ein adiabates System erfährt eine irreversible Zustandsänderung. Da dS_i nur positiv oder Null sein kann, folgt der wichtige Satz: In einem adiabaten System kann die Entropie nur zunehmen oder gleichbleiben, aber nicht abnehmen. Beispiele sind die obenerwähnte Flüssigkeitsströmung bei adiabater Rohrwand, die nur durch Zufuhr von Arbeit $(-A_{irr})$ zustande kommt, oder ein spontaner Prozeß im adiabaten System, z. B. der Joulesche Überströmversuch. Ein vollständig abgeschlossenes System strebt dem Maximalwert der Entropie zu.

4. $dS_i = 0$; $dS_a = 0$. Ein adiabates System macht eine reversible Zustandsänderung durch, die z. B. durch Zu- oder Abfuhr von Arbeit zustande kommen kann. Im vollständig abgeschlossenen System bedeutet die obige Bedingung den Gleichgewichtszustand, der durch $S = S_{max}$ gekennzeichnet ist.

Die vier Zustandsänderungen des Carnot-Prozesses in III § 6 waren ihrer Herleitung nach reversibel. Da die Entropie längs einer reversiblen Adiabaten konstant bleibt und sich beim Übergang von einer Adiabaten zur anderen um einen angebbaren Betrag ändert, kann man jeder reversiblen Adiabaten einen bestimmten Entropiewert zuordnen. Die reversible Adiabate ist daher immer eine Isentrope. Die Umkehrung dieses Satzes braucht nicht immer zu gelten, wie das obige Beispiel der Flüssigkeitsströmung mit Reibung und Wärmeentzug zeigt.

Nach Gl. (7) ist die Entropie eine extensive Zustandsgröße, denn für eine bestimmte Zustandsänderung ist die dem System zu- oder abzuführende Wärme der Systemmasse proportional. Man kann daher auch

die spezifische Entropie $s = S/m$
und die molare Entropie $\bar{S} = S/n$

bilden. Die Entropie eines Systems ist gleich der Summe der Entropien der Teilsysteme.

Für reversible Zustandsänderungen gilt nach Gl. (7)

$$Q_{12} = \int_1^2 T \, \mathrm{d}S \tag{13}$$

Die Wärme Q_{12} ist danach gleich der Fläche unter der Kurve einer reversiblen Zustandsänderung in einem T,S- bzw. T,s-Diagramm. Besonders einfach läßt sich der Carnot-Prozeß im T, s-Diagramm darstellen (Abb. 14).

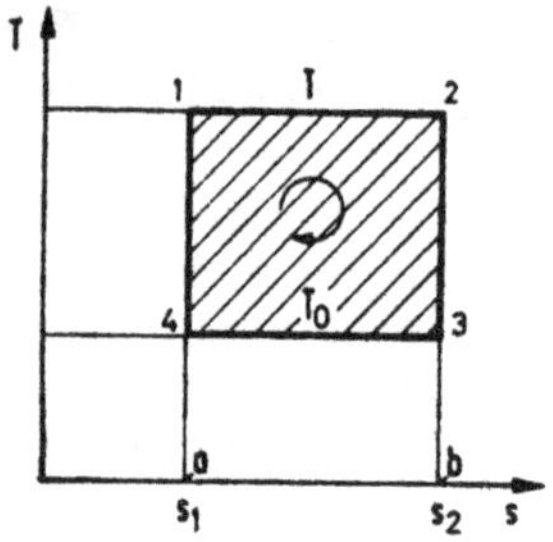

Abb. 14. Rechtsläufiger Carnot-Prozeß im T, s-Diagramm

Für beliebige Arbeitsmedien umschließen die beiden Isothermen mit den Temperaturen T und T_0 und die beiden reversiblen Adiabaten (Isentropen) mit den spezifischen Entropien s_1 und s_2 ein Rechteck. Die dem Massenelement zugeführte Wärme $q_{zu} = T\,(s_2 - s_1)$ ist gleich der Fläche 1 2 b a, die abgeführte Wärme $q_{ab} = T_0\,(s_1 - s_2)$ gleich der Fläche 3 4 a b. Die Arbeit $a = q_{zu} - q_{ab}$ ist gleich dem schraffierten Rechteck 1 2 3 4. Der Wirkungsgrad des Carnot-Prozesses läßt sich als Streckenverhältnis ablesen:

$$\eta_C = a/q_{zu} = (T - T_0)/T$$

Auch die Leistungsziffern linksläufiger Carnot-Prozesse aus III § 6 lassen sich unmittelbar aus Abb. 14 entnehmen.

In IV § 2 wurde mit Hilfe des Prinzips vom verbotenen Perpetuum mobile zweiter Art nachgewiesen, daß alle reversiblen Kreisprozesse zwischen festen Temperaturen den Wirkungsgrad des Carnot-Prozesses zwischen denselben Temperaturen haben. Das läßt sich im T,s-Diagramm geometrisch veranschaulichen. In Abb. 15 bedeutet K die Zustandskurve eines beliebigen reversiblen Kreisprozesses. Da nach Voraussetzung nur zwei Wärmebehälter mit den Temperaturen T und T_0 zur Verfügung stehen, besteht die Aufgabe, Wärme reversibel bei endlichem Temperaturgefälle auf das Arbeitsmedium zu übertragen, das im Punkt a die Temperatur T_a haben möge (Abb. 15). Da reversible Wärmeübertragung durch Berührung nur bei verschwindendem Temperaturgefälle möglich ist, muß man hier einen elementaren Carnot-Prozeß einschalten, der zwischen den Temperaturen T und T_a arbeitet. Die Arbeitsfläche aller dieser elementaren Carnot-Prozesse, in Abb. 15 senkrecht schraffiert, verwandelt die Zustandskurve K in das Rechteck 1 2 3 4 des Carnot-Prozesses, der daher der einzig mögliche reversible Kreisprozeß zwischen festen Temperaturen ist. Wir werden später reversible Kreisprozesse zwischen gleitenden Temperaturen kennenlernen.

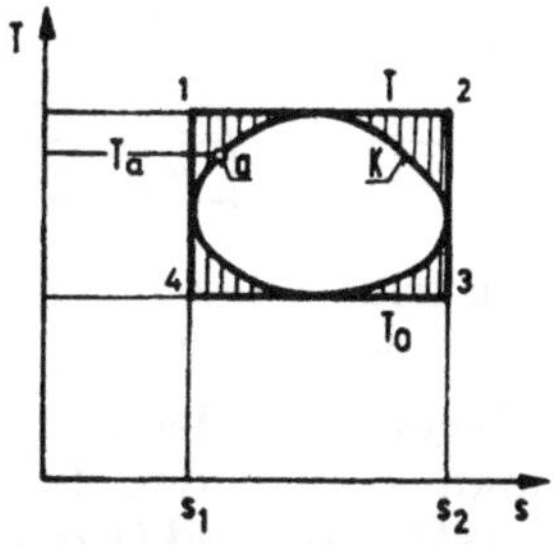

Abb. 15. Reversibler Kreisprozeß K und Carnot-Prozeß

Die Entropie des idealen Gases läßt sich wegen seiner einfachen Zustandsgleichung leicht berechnen. Führen wir in die Gleichung für die spezifische Entropie $ds = dq/T$ den ersten Hauptsatz für das ideale Gas nach Gl. (III 21) und (III 22) ein, so erhalten wir

$$ds = c_v \frac{dT}{T} + \frac{p}{T} dv = c_v \frac{dT}{T} + R \frac{dv}{v} \tag{14}$$

$$ds = c_p \frac{dT}{T} - \frac{v}{T} dp = c_p \frac{dT}{T} - R \frac{dp}{p} \tag{15}$$

Für konstantes c_v und c_p ergibt die Integration der obigen Gleichungen zwischen den Zuständen 1 und 2

$$s_2 - s_1 = c_v \ln(T_2/T_1) + R \ln(v_2/v_1) \tag{16}$$

$$s_2 - s_1 = c_p \ln(T_2/T_1) - R \ln(p_2/p_1) \tag{17}$$

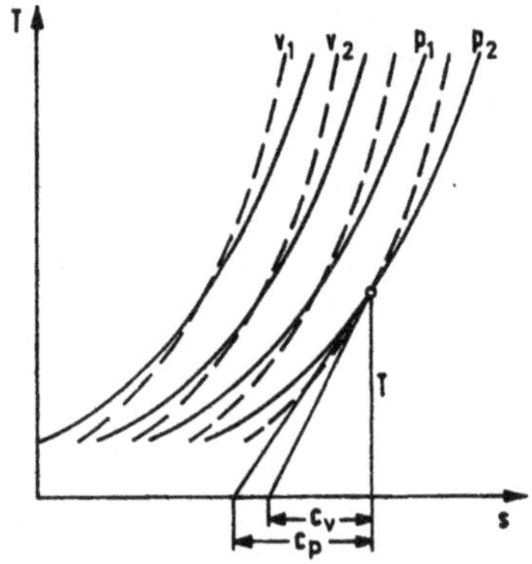

Abb. 16. Entropie des idealen Gases
$p_1 > p_2$; $v_2 > v_1$

Isochoren und Isobaren des idealen Gases sind im T, s-Diagramm logarithmische Linien, die in Richtung der s-Achse gegeneinander verschoben sind. Beide Kurvenscharen sind in Richtung steigender Temperatur gespreizt (Abb. 16).

Aus der Differentialgleichung der Isentrope (III § 5)

$$\mathrm{d}p/p + \varkappa\, \mathrm{d}v/v = 0$$

erhält man die Beziehung

$$\varkappa = -\, v\, (\partial p/\partial v)_s/p\,.$$

Wegen der Isentropengleichung $p\, v^\varkappa = \text{const}$ nennt man $\varkappa$ auch den Isentropenexponenten. Man erkennt aus Gl. (14) und (15), wenn man sie für $\mathrm{d}s = 0$ anschreibt, daß für das ideale Gas $\varkappa = c_p/c_v$ wird. In dieser Form wurde $\varkappa$ in III § 2 eingeführt.

Führt man die Beziehung $\mathrm{d}q = T\,\mathrm{d}s$ in die Definitionsgleichungen der spezifischen Wärmekapazitäten (II 26) und (II 27) ein, so erhält man für beliebige Stoffe

$$c_p = \left(\frac{\partial h}{\partial T}\right)_p = T\left(\frac{\partial s}{\partial T}\right)_p \quad \text{und} \quad c_v = \left(\frac{\partial u}{\partial T}\right)_v = T\left(\frac{\partial s}{\partial T}\right)_v \tag{18}$$

Hieraus ergeben sich die Neigungen der Isobaren und Isochoren im T, s-Diagramm für beliebige Stoffe zu

$$(\partial T/\partial s)_p = T/c_p \quad \text{und} \quad (\partial T/\partial s)_v = T/c_v \tag{19}$$

Wegen $c_p > c_v$ sind die Isochoren steiler als die Isobaren (Abb. 16). Beide Kurven haben für alle Stoffe im T, s-Diagramm nur positive Neigungen, im Grenzfall die Neigung Null.

Aus Gl. (18) folgt noch, daß im T, s-Diagramm die Fläche unter der Isobaren die Änderung der Enthalpie, die Fläche unter der Isochoren die Änderung der inneren Energie für beliebige Stoffe bedeutet, denn man kann ableiten:

$$h_2 - h_1 = \int_1^2 T\,\mathrm{d}s \quad \text{für} \quad p = \text{const} \tag{20a}$$

$$u_2 - u_1 = \int_1^2 T\,\mathrm{d}s \quad \text{für} \quad v = \text{const} \tag{20b}$$

§ 4 Thermodynamische Potentiale

Vereinigt man den ersten Hauptsatz in der Form $\mathrm{d}q = \mathrm{d}u + p\,\mathrm{d}v$ mit der Gleichung des zweiten Hauptsatzes $\mathrm{d}q = T\,\mathrm{d}s$, so erhält man die sogenannte Hauptgleichung der Thermodynamik (ohne chemische Umwandlungen)

$$\mathrm{d}u = T\,\mathrm{d}s - p\,\mathrm{d}v \tag{21}$$

von der sich zahlreiche weitere thermodynamische Beziehungen ableiten lassen. Geht man unter Benutzung der Enthalpie $h = u + p\,v$ von der Gleichung $\mathrm{d}q = \mathrm{d}h - v\,\mathrm{d}p$ aus, so erhält man

$$\mathrm{d}h = T\,\mathrm{d}s + v\,\mathrm{d}p \tag{22}$$

Durch Differentiation von u und h nach einer Zustandsgröße erhält man wieder eine Zustandsgröße, denn es ist $(\partial u/\partial s)_v = T$; $(\partial u/\partial v)_s = -p$; $(\partial h/\partial s)_p = T$ und $(\partial h/\partial p)_s = v$. Man nennt die Funktionen $u\,(s, v)$ und $h\,(s, p)$ nach Gl. (21) und (22) daher auch thermodynamische Potentiale in Analogie zum Potential der Mechanik, dessen Ableitung nach dem Weg eine Kraft ist. Diese Funktionen werden auch charakteristische Funktionen oder kanonische Funktionen genannt. Oft ist es erwünscht, Zustandsgrößen von der Größenart Energie mit den unabhängigen Veränderlichen T, v und T, p zu benutzen. Man erhält solche Zustandsgrößen durch die Transformationen

$$f = u - T\,s \quad \text{und} \quad g = h - T\,s \tag{23}$$

Man nennt f die (spezifische) freie Energie oder Helmholtz-Funktion und g die (spezifische) freie Enthalpie oder Gibbs-Funktion. Durch Einsetzen der Differentiale aus den Gln. (23) in Gl. (21) und (22) ergibt sich

$$\mathrm{d}f = -\,s\,\mathrm{d}T - p\,\mathrm{d}v \tag{24}$$

$$\mathrm{d}g = -\,s\,\mathrm{d}T + v\,\mathrm{d}p \tag{25}$$

Auch die Funktionen $f\,(T, v)$ und $g\,(T, p)$ nach Gl. (24) und (25) haben Potentialcharakter. f und g sind wie u und h spezifische Zustandsgrößen von der Größenart Energie. Ihre Differentiale nach Gl. (21), (22), (24), (25) sind daher vollständige, so daß auch die Integrabilitätsbedingung Gl. (II 39) erfüllt ist. Durch kreuzweises Differenzieren erhält man die vier Maxwell-Beziehungen

$$(\partial T/\partial v)_s = -\,(\partial p/\partial s)_v \tag{26}$$

$$(\partial T/\partial p)_s = (\partial v/\partial s)_p \tag{27}$$

$$(\partial s/\partial v)_T = (\partial p/\partial T)_v \tag{28}$$

$$(\partial s/\partial p)_T = -\,(\partial v/\partial T)_p \tag{29}$$

Diese vier Gleichungen geben insbesondere die Möglichkeit, die nicht unmittelbar meßbare Entropie aus gemessenen Werten von T, p und v zu berechnen.

Der zweite Hauptsatz sagt aus, daß die Entropie eine Zustandsgröße ist. Daraus folgen gewisse thermodynamische Beziehungen, die zum experimentellen Beweis des zweiten Hauptsatzes benutzt werden können. Hierzu seien im folgenden Beispiele betrachtet. Wir wollen aber zunächst nachweisen, daß die Wärme keine Zustandsgröße, $\mathrm{d}q$ also kein vollständiges Differential ist.

In die Gleichung des ersten Hauptsatzes $\mathrm{d}q = \mathrm{d}u + p\,\mathrm{d}v$ setzen wir das vollständige Differential von $u\,(T, v)$

$$\mathrm{d}u = (\partial u/\partial T)_v\,\mathrm{d}T + (\partial u/\partial v)_T\,\mathrm{d}v \tag{30}$$

ein und erhalten

$$\mathrm{d}q = \left(\frac{\partial u}{\partial T}\right)_v \mathrm{d}T + \left[\left(\frac{\partial u}{\partial v}\right)_T + p\right] \mathrm{d}v$$

Wäre q eine Zustandsgröße, so müßte die Integrabilitätsbedingung erfüllt sein, es müßte also die Gleichung gelten

$$\frac{\partial^2 u}{\partial T\,\partial v} = \frac{\partial^2 u}{\partial T\,\partial v} + \left(\frac{\partial p}{\partial T}\right)_v \tag{31}$$

Da im allgemeinen Falle $(\partial p/\partial T)_v = p\,\beta \neq 0$ ist, kann q keine Zustandsgröße sein. Dagegen soll durch Division durch T das vollständige Differential $\mathrm{d}s = \mathrm{d}q/T$ entstehen, die thermodynamische Temperatur soll also die Rolle des integrierenden Nenners von q spielen. Zur Nachprüfung dieser Behauptung bilden wir mit dem ersten Hauptsatz die Gleichung

$$\mathrm{d}s = \mathrm{d}q/T = (\mathrm{d}u/T) + p\,\mathrm{d}v/T \tag{32}$$

und setzen $\mathrm{d}u$ aus Gl. (30) ein. Wir erhalten

$$\mathrm{d}s = \frac{1}{T}\left(\frac{\partial u}{\partial T}\right)_v \mathrm{d}T + \frac{1}{T}\left[\left(\frac{\partial u}{\partial v}\right)_T + p\right] \mathrm{d}v \tag{33}$$

Durch kreuzweises Differenzieren entsteht die Bedingung

$$(\partial u/\partial v)_T = T\,(\partial p/\partial T)_v - p \tag{34}$$

Für ein ideales Gas ist $(\partial p/\partial T)_v = p/T$, so daß $(\partial u/\partial v)_T = 0$ ist. Wir können also das Ergebnis des Jouleschen Überströmversuchs (vgl. III § 2) als einen experimentellen Beweis des zweiten Hauptsatzes betrachten. Andererseits haben wir nachgewiesen, daß nach dem zweiten Hauptsatz die innere Energie des idealen Gases nicht vom Volumen abhängt. Eine weitere experimentell nachprüfbare Folgerung aus dem zweiten Hauptsatz entsteht, wenn man Gl. (34) in Gl. (33) einsetzt und dann in Gl. (33) kreuzweise differenziert. Da $c_v = (\partial u/\partial T)_v$ ist, erhalten wir die Gleichung

$$(\partial c_v/\partial v)_T = T\,(\partial^2 p/\partial T^2)_v \tag{35}$$

die nach ihrer Ableitung für beliebige Stoffe gelten muß. Geht man statt von Gl. (32) von der Gleichung

$$\mathrm{d}s = \mathrm{d}q/T = (\mathrm{d}h/T) - v\,\mathrm{d}p/T$$

aus und verfährt analog der obigen Ableitung, so erhält man die Gleichung

$$(\partial c_p/\partial p)_T = -\,T\,(\partial^2 v/\partial T^2)_p \tag{35a}$$

Sowohl in Gl. (35) wie in Gl. (35a) sind beide Seiten einzeln meßbar. Man kann daher an ihnen die Richtigkeit des zweiten Hauptsatzes experimentell beweisen.

Aus dem vollständigen Differential der Entropie $s\,(T, v)$

$$\mathrm{d}s = (\partial s/\partial T)_v\,\mathrm{d}T + (\partial s/\partial v)_T\,\mathrm{d}v$$

kann man die Beziehung

$$\left(\frac{\partial s}{\partial T}\right)_p - \left(\frac{\partial s}{\partial T}\right)_v = \left(\frac{\partial s}{\partial v}\right)_T \left(\frac{\partial v}{\partial T}\right)_p$$

ableiten. Führt man in diese Gleichung die spezifischen Wärmekapazitäten $c_p = T\,(\partial s/\partial T)_p$ und $c_v = T\,(\partial s/\partial T)_v$ sowie die dritte Maxwell-Beziehung Gl. (28) ein und benutzt die drei Koeffizienten nach Gl. (II 42) bis (II 44), so erhält man die bereits von Clausius (1876) benutzte Beziehung

$$c_p - c_v = T\,v\,\alpha^2/\chi \tag{36}$$

Aus der Stabilitätsbedingung des thermodynamischen Gleichgewichts (die in diesem Buche nicht behandelt wird) folgt, daß für beliebige Stoffe $\chi \geq 0$ sein muß. Daher ist immer $c_p \geq c_v$ oder $c_p/c_v \geq 1$.

Aus den bisher eingeführten acht thermodynamischen Zustandsgrößen p, v, T, s, u, h, f, g lassen sich 168 erste Ableitungen bilden. Aus diesen kann man 32 018 910 thermodynamische Beziehungen vom Typ der Gl. (36) ableiten, sogenannte Viererbeziehungen, weil sie vier erste Ableitungen (hier c_p, c_v, α, χ) enthalten. Hierzu kommen noch Zweier- und Dreierbeziehungen sowie solche, die zweite und höhere Differentialquotienten enthalten. Viele dieser Beziehungen lassen sich experimentell nachprüfen. Soweit es sich dabei um Beziehungen handelt, zu deren Ableitung die Entropie oder aus der Entropie abgeleitete Größen benutzt wurden, wird jedesmal der zweite Hauptsatz experimentell bewiesen. Dieser Beweis ist bisher im Rahmen der Genauigkeit von Präzisionsmessungen ausnahmslos positiv ausgefallen, so daß der zweite Hauptsatz als vollständig gesichert anzusehen ist, obwohl er zunächst als Verneinung, als das Prinzip vom verbotenen Perpetuum mobile zweiter Art, eingeführt wurde.

§ 5 Entropie bei irreversiblen Prozessen

Bei der Ableitung der Hauptgleichung der Thermodynamik Gl. (21) wurde $\mathrm{d}q = T\,\mathrm{d}s$ gesetzt. Es wurden also stillschweigend reversible Zustandsänderungen angenommen ($\mathrm{d}s_i = 0$), so daß $\mathrm{d}s = \mathrm{d}s_a$ sein müßte. Trotzdem wurde der Index a in Gl. (21) weggelassen, weil diese sehr wohl auch für irreversible Zustandsänderungen gültig bleibt, und zwar im doppelten Sinne.

1. Da die Entropie eine Zustandsgröße ist, hängt ihr Wert bei einem bestimmten Zustand nicht von der Vorgeschichte des Systems ab, also auch nicht vom Weg, auf dem dieser Zustand erreicht wurde. Man kann daher zur Integration von Gl. (21) einen Integrationsweg wählen, der nicht mit der wirklichen Zustandsänderung übereinzustimmen braucht, z. B. einen reversiblen. Damit kann man auch solche Zustandsänderungen berechnen, die durch nicht definierbare Zwischenzustände gehen,

wie es oft bei spontanen Zustandsänderungen der Fall ist. Setzt man in den Integranden eine Zustandsgleichung ein, so integriert man immer längs eines reversiblen Weges, da Zustandsgleichungen Gleichungen zwischen Gleichgewichtszuständen sind.

2. Integriert man Gl. (21) längs einer irreversiblen, aber quasistatischen Zustandsänderung, so ist $\int T\,\mathrm{d}s$ nicht mehr gleich der Wärme und daher auch $\int p\,\mathrm{d}V$ nicht mehr gleich der Arbeit. Im folgenden wird die Entropie bei typischen irreversiblen Prozessen berechnet werden.

Mischung und Diffusion. Ähnlich wie in Abschnitt III § 4 sollen zwei ideale Gase, die bei Versuchsbeginn die Teilvolumina V_1 und V_2 bei gleicher Temperatur und gleichem Druck erfüllen, durch Entfernen der Trennwand bei adiabaten Systemgrenzen miteinander gemischt werden. Temperatur T und Gesamtdruck p haben nach dem Versuch die gleichen Werte wie vorher (III § 4). Da die Vermischung erfahrungsgemäß irreversibel ist, erwarten wir eine Entropiezunahme. Um die

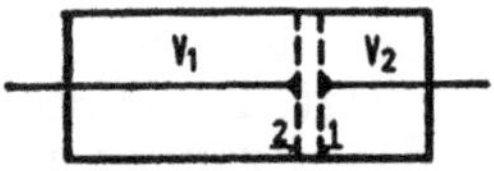

Abb. 17. Reversible Vermischung zweier Gase

Vermischung reversibel durchführen zu können, verwenden wir die von Gibbs vorgeschlagenen halbdurchlässigen (semipermeablen) Wände 1 und 2 (Abb. 17), von denen Wand 1 für Gas 1 völlig dicht, für Gas 2 völlig durchlässig ist, für Wand 2 gilt das Entsprechende. Bei der Verwendung solcher Hilfsmittel zu theoretischen Überlegungen kommt es nicht darauf an, daß diese in Vollendung existieren, sondern nur darauf, daß sie prinzipiell möglich sind. Wir wissen, daß glühendes Platin- oder Palladiumblech für Wasserstoff durchlässig ist, während Sauerstoff oder Stickstoff zurückgehalten werden. Auch die in neuerer Zeit entwickelten „Molekularsiebe“ verhalten sich für bestimmte Gaspaare nahezu wie halbdurchlässige Membrane. Im reversiblen Falle besteht die Vermischung in der isothermen Expansion der anfangs getrennten Komponenten auf das Gasvolumen V. Nach III § 5 werden dabei die Arbeiten $A_1 = p\,V_1 \ln (V/V_1)$ und $A_2 = p\,V_2 \ln (V/V_2)$ abgegeben, zusammen also die Arbeit

$$A = p\,V\left(\frac{V_1}{V} \ln \frac{V}{V_1} + \frac{V_2}{V} \ln \frac{V}{V_2}\right) \qquad (37)$$

die bei isothermer Expansion gleich der zugeführten Wärme Q ist. Das System hat infolge dieser Wärmezufuhr seine Entropie um $\Delta S = \Delta S_a = Q/T$ erhöht, wenn T die während der Expansion gleichbleibende Systemtemperatur ist. Der wirkliche Vorgang verläuft irreversibel im völlig abgeschlossenen System. Er wäre nur mit den Methoden der „Nicht-Gleichgewichts-Thermodynamik" zu berechnen, die in diesem Buche nicht behandelt wird. Da beide Vorgänge gleiche Anfangs- und Endzustände haben, ist auch die Entropiezunahme in beiden Fällen die gleiche. Wir brauchen nur das vorher berechnete $\Delta S = \Delta S_i$ zu setzen, obwohl wir ΔS_i hier unmittelbar nicht berechnen können. Diese Vertauschung von ΔS_a mit ΔS_i gelingt immer dann, wenn der wirkliche Vorgang irreversibel, aber adiabat und der Vergleichsvorgang reversibel, aber diabat verlaufen.

Als Zahlenbeispiel betrachten wir die Herstellung atmosphärischer Luft durch Vermischung von O_2 und N_2 mit den Volumenanteilen $V_1/V = 0{,}21$ und $V_2/V = 0{,}79$ (vgl. III § 4). Aus Gl. (37) erhalten wir $A = Q = 0{,}514\,p\,V = 0{,}514\,nR_0T$. Für $T = 300$ K wird die bei der reversiblen Vermischung gewonnene Arbeit $A/n = 1{,}282$ kJ/mol $= 0{,}356$ Wh/mol. Das ist zugleich die Mindest-Trennarbeit eines reversibel arbeitenden Gerätes zur Luftzerlegung (Argon und Restgase sind hier außer Betracht geblieben). Die Entropie des Systems nimmt bei der Vermischung um $\Delta S/n =$

$0{,}514\ R_0 = 4{,}27$ J/mol K zu. Bezieht man die Umgebung mit der Temperatur T in die Entropiebetrachtung ein, so wird deren Entropie bei der reversiblen Vermischung um Q/T vermindert, so daß innerhalb adiabater Grenzen (System und Umgebung) die Entropie konstant bleibt (Kennzeichen reversibler Prozesse). Bei der irreversiblen Vermischung fehlt die Entropieabnahme der Umgebung.

Wählt man zwei einander sehr ähnliche und schließlich zwei gleiche Komponenten, so würden die obigen Gleichungen die Entropiezunahme infolge der Diffusion des Gases durch sich selbst ergeben. Diese Entropiezunahme würde der Bedingung des Gleichgewichts widersprechen, wonach sich im Gleichgewicht keine Zustandsgröße, also auch nicht die Entropie, ändern darf. Dieser Widerspruch, als „Gibbssches Paradoxon" bekannt, löst sich dadurch, daß zwischen „einander sehr ähnlich" und „einander gleich" kein stetiger Übergang besteht, die Extrapolation auf zwei gleiche Komponenten also unzulässig ist.

Joulescher Überströmversuch. Ein reversibler Vergleichsprozeß zur spontanen irreversiblen Expansion eines idealen Gases (vgl. Abb. 10 in IV § 1) ist die isotherme Expansion bei der Temperatur T zwischen den gleichen Zuständen 1 und 2 wie der spontane Vorgang. Die dabei gewonnene Arbeit $A_{12} = p_1 V_1 \ln(V_2/V_1) = Q_{12}$ ist gleich der zugeführten Wärme Q_{12}. Die Entropie des Systems nimmt dabei um $S_2 - S_1 = \Delta S_a = Q_{12}/T$ zu. Beim irreversiblen adiabaten Überströmversuch muß die gleiche, unmittelbar nicht berechenbare Entropiezunahme $S_2 - S_1 = \Delta S_i$ auftreten. Es wird also wie bei der Diffusion im vorigen Beispiel ΔS_a mit ΔS_i vertauscht. Zur Berechnung von ΔS_a kann man auch jeden beliebigen anderen reversiblen Prozeß zwischen den Zuständen 1 und 2 verwenden.

Strömung mit Reibung. Als Beispiel eines stationären offenen Systems mit irreversibler, aber quasistatischer Zustandsänderung betrachten wir die eindimensionale

Strömung eines reibungsbehafteten Mediums (Gas oder Flüssigkeit). Die in II § 2 abgeleitete Energiegleichung Gl. (II 15) muß auch für diesen Fall gültig bleiben, da sie von den Vorgängen im System nicht abhängt. Bezogen auf das Massenelement des strömenden Mediums lautet sie

$$q - a_t = h_2 - h_1 + (w_2^2 - w_1^2)/2 + g\,(z_2 - z_1) \qquad (38)$$

oder in differentieller Form

$$\mathrm{d}q - \mathrm{d}a_t = \mathrm{d}h + w\,\mathrm{d}w + g\,\mathrm{d}z \qquad (39)$$

In diese Gleichung führen wir die Entropie in der Form $T\,\mathrm{d}s = T\,\mathrm{d}s_a + T\,\mathrm{d}s_i$ ein, wobei $T\,\mathrm{d}s_a = \mathrm{d}q$ ist. Unter dem Produkt $T\,\mathrm{d}s_i$ verstehen wir jene Arbeit $\mathrm{d}a_{irr}$, die zur Aufrechterhaltung irreversibler Vorgänge dient, hier der Flüssigkeitsströmung mit Reibung. Diese Arbeit wird Dissipationsarbeit genannt, da irreversible Prozesse eine Zerstreuung (Dissipation) von Energie bewirken. Da zugeführte Arbeit negativ gerechnet wird, ist wegen $\mathrm{d}s_i \geq 0$ auch $\mathrm{d}a_{irr} \leq 0$. Die Dissipationsarbeit kann dem System nur zugeführt werden, sie ist Null bei reversiblen Prozessen. Wird danach die Gleichung

$$T\,\mathrm{d}s = \mathrm{d}q - \mathrm{d}a_{irr} \qquad (40)$$

in Gl. (39) eingesetzt, so erhalten wir

$$T\,\mathrm{d}s = \mathrm{d}a_t - \mathrm{d}a_{irr} + \mathrm{d}h + w\,\mathrm{d}w + g\,\mathrm{d}z \qquad (41)$$

oder in integrierter Form

$$\int_1^2 T\,\mathrm{d}s = a_t - a_{irr} + (h_2 - h_1) + (w_2^2 - w_1^2)/2 + g\,(z_2 - z_1) \qquad (42)$$

Wir nehmen an, daß das System aus einer adiabaten Düse besteht, in der das strömende Medium beschleunigt werden soll. Dann fallen Wärmezufuhr q und Arbeitsleistung a_t weg, die Höhendifferenz $z_2 - z_1$ sei zu vernachlässigen. Nach Gl. (38) wird in diesem Falle die Zunahme der kinetischen Energie von der Abnahme der

Enthalpie bestritten. In Abb. 18 ist die Expansion vom Druck p_1 auf den Druck p_2 im T, s-Diagramm dargestellt. Die Linie 1—2 bezeichnet die reversible adiabate, die Linie 1—3 die irreversible adiabate Zustandsänderung. Für diese beiden gelten nach Gl. (38) die Beziehungen

$$(w_2^2 - w_1^2)/2 = h_1 - h_2 \quad \text{und} \quad (w_3^2 - w_1^2)/2 = h_1 - h_3$$

Der Unterschied der kinetischen Energien am Ende der Expansion ist damit

$$(w_2^2 - w_3^2)/2 = h_3 - h_2 \tag{43}$$

Nach Gl. (40) ist im adiabaten Falle die Fläche unter der Zustandslinie 1—3 gleich der Dissipationsarbeit, also

$$\int_1^3 T \, \mathrm{d}s = -a_{\mathrm{irr}}$$

die in Abb. 18 durch die Fläche 1 3 b a dargestellt wird. Hiervon ist die Fläche unter der Isobaren $p = p_2$, also die Fläche 2 3 b a, gleich der Enthalpiedifferenz nach Gl. (43), da $\int_2^3 T \, \mathrm{d}s = h_3 - h_2$ ist. Diese Fläche 2 3 b a entspricht dem Anteil der Dissipationsarbeit, der als Verlust an kinetischer Energie auftritt, während der der Fläche 1 2 3 entsprechende Anteil von a_{irr} zur Expansion ausgenutzt ist.

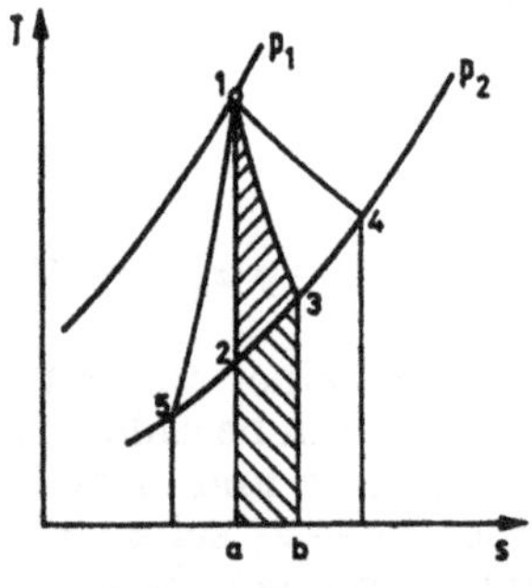

Abb. 18. Reversible und irreversible Expansion im T, s-Diagramm

Zur Darstellung dieser Vorgänge im p, v-Diagramm führen wir Gl. (22) in Gl. (42) ein und erhalten im vorliegenden Fall ($a_t = 0, q = 0, z_2 = z_1$) für die reversible Expansion

$$-\int_1^2 v\,\mathrm{d}p = (w_2^2 - w_1^2)/2 = h_1 - h_2 \tag{44}$$

und für die irreversible Expansion

$$-\int_1^3 v\,\mathrm{d}p = -a_{\mathrm{irr}} + (w_3^2 - w_1^2)/2 = -a_{\mathrm{irr}} + h_1 - h_3 \tag{45}$$

In Abb. 19 sind die diesen Gleichungen entsprechenden Vorgänge wiedergegeben. Die Fläche 1 2 *d c* entspricht Gl. (44), die Fläche 1 3 *d c* entspricht Gl. (45). Die Linie 3 *f* ist die Isenthalpe $h = h_3 =$ const, so daß die Fläche *e f* 2 *d* den Verlust an kinetischer Energie $h_3 - h_2$, die Fläche 1 2 3 den zur Expansion ausgenutzten Teil von a_{irr} bedeuten.

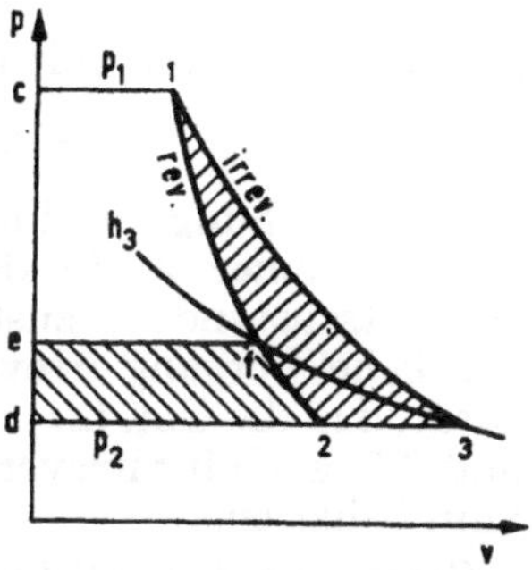

Abb. 19. Reversible und irreversible Expansion im p, v-Diagramm

In Abb. 18 sind noch zwei Expansionslinien mit Wärmeübertragung eingezeichnet, und zwar die Linie 1—4 mit Wärmezufuhr und die Linie 1—5 mit Wärmeabfuhr. Die Flächen unter diesen Kurven bedeuten nach Gl. (40) die Summe von übertragener Wärme und Dissipationsarbeit. Auch die senkrechte Expansionslinie 1—2 könnte einem irreversiblen Prozeß entsprechen, wenn die Entropiezunahme $T\,\mathrm{d}s_i = -\,\mathrm{d}a_{\mathrm{irr}}$ gerade durch eine Wärmeabfuhr $T\,\mathrm{d}s_a = \mathrm{d}q$ aufgehoben wird, so daß zu jedem Zeitpunkt $\mathrm{d}s = 0$ ist.

Drosselung. Treten wesentliche Reibungswirkungen nur in einem kurzen Stück einer Rohrleitung auf, etwa in einem porösen Pfropfen oder im Spalt eines fast geschlossenen Ventils, so nennt man den dadurch erzeugten Druckabfall eine Drosselung. Meist können Unterschiede der kinetischen und der potentiellen Energie vor und hinter der Drosselstelle (Zustand 1 und 2) vernachlässigt werden, so daß im adiabaten Falle und ohne Arbeitsleistung die Enthalpie des strömenden Mediums nach Gl. (39) konstant bleibt ($dh = 0$). Aus Gl. (22) errechnet sich daraus die Entropiezunahme durch die Drosselung

$$\Delta s = s_2 - s_1 = -\int_1^2 v\,dp/T \tag{46}$$

Für das ideale Gas mit $v/T = R/p$ erhält man

$$s_2 - s_1 = R \ln (p_1/p_2) \tag{47}$$

Diese Gleichung ist durch eine Integration unter Benutzung einer Zustandsgleichung, also längs Gleichgewichtszuständen, zustande gekommen, obwohl der wirkliche Vorgang irreversibel ist, ein weiterer Beweis dafür, daß die Gln. (21) und (22) ebenso wie die Gln. (24) und (25) auch für irreversible Zustandsänderungen ihren Sinn behalten.

Setzt man das vollständige Differential der Enthalpie $h\,(p, T)$ gleich Null, so erhält man die beiden Gleichungen

$$dh = \left(\frac{\partial h}{\partial T}\right)_p dT + \left(\frac{\partial h}{\partial p}\right)_T dp = 0$$

$$\left(\frac{\partial T}{\partial p}\right)_h = \delta_h = -\frac{(\partial h/\partial p)_T}{(\partial h/\partial T)_p} \tag{48}$$

Hierin ist δ_h der isenthalpe oder adiabate Drossel- oder Joule-Thomson-Koeffizient, während der Nenner der rechten Seite von Gl. (48) gleich c_p ist. Der Zähler wird isothermer Drosselkoeffizient δ_T genannt; er gibt das Verhältnis von an der Drosselstelle zuzuführender Wärme zur Druckabsenkung an, wenn die Temperatur vor und hinter der Drossel gleich bleibt. Es besteht also die für beliebige Stoffe gültige Beziehung

$$\delta_T = -c_p\,\delta_h \tag{49}$$

Differenziert man die Gleichung $h = g + T\,s$ [vgl. Gl. (23)] nach p bei konstantem T, so erhält man

$$\delta_T = \left(\frac{\partial h}{\partial p}\right)_T = \left(\frac{\partial g}{\partial p}\right)_T + T\left(\frac{\partial s}{\partial p}\right)_T$$

Hierin ist nach Gl. (25) $(\partial g/\partial p)_T = v$ und nach der vierten Maxwell-Beziehung [Gl. (29)] $(\partial s/\partial p)_T = -(\partial v/\partial T)_p = -\alpha\, v$ mit dem Ausdehnungskoeffizienten α nach Gl. (II 42), so daß $\delta_T = v\,(1 - \alpha\, T)$ wird. Damit ergibt sich nach Gl. (49) die Beziehung

$$\delta_h = -\, v\,(1 - \alpha\, T)/c_p \tag{50}$$

Die adiabate Drosselung ist die Grundlage des Luftverflüssigungsverfahrens nach Linde (vgl. VII § 4). Nur für $\delta_h > 0$, also nach Gl. (50) für $\alpha > 1/T$, tritt Temperaturerniedrigung bei Entspannung ein. Abb. 20 zeigt Linien gleicher Enthalpie für Luft in einem halblogarithmischen T, p-Diagramm; man erkennt die beiden Bereiche $\delta_h > 0$ und $\delta_h < 0$, die durch die Inversionskurve für $\delta_h = 0$ getrennt sind. Für ideale Gase ist $\delta_h = 0$ wegen $\alpha = 1/T$.

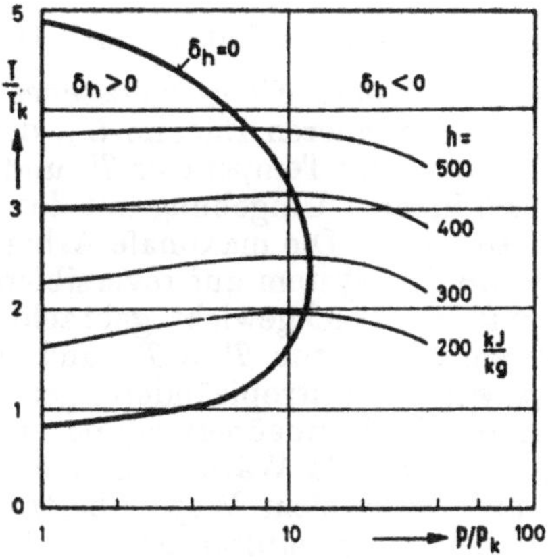

Abb. 20. Bereiche des adiabaten Drosselkoeffizienten δ_h für Luft. T_k und p_k sind kritische Temperatur und kritischer Druck

§ 6 *Maximale Arbeit*

In diesem Abschnitt soll die maximale Arbeit A_m berechnet werden, die aus einem System bei gegebenem Anfangszustand in einer bestimmten Umgebung zu gewinnen ist. Je nach der Art des Systems und den an seinen Grenzen vorgeschriebenen Bedingungen werden sich sehr verschiedene Ausdrücke für A_m ergeben. Sofern auch der Umgebungszustand eine Rolle spielt, ist A_m keine Zustandsgröße des Systems. Nach den Betrachtungen der vorigen Abschnitte wird die maximale Arbeit nur bei reversiblen Prozessen erhalten, da jede Irreversibilität einen Arbeitsverlust bedeutet. Im folgenden wird die maximale Arbeit für einige wichtige Fälle berechnet.

1. Wärme bei konstanter Temperatur. Steht die Wärme Q aus einem Wärmebehälter großer Kapazität bei der Temperatur T_1 in einer Umgebung der Temperatur T_0 zur Verfügung, so läßt sich aus Q die maximale Arbeit

$$A_m = Q\,(T_1 - T_0)/T_1 = \eta_C\, Q \qquad (51)$$

gewinnen mit η_C als Carnot-Faktor nach Gl. (III 48).

2. Geschlossenes System. Ein geschlossenes (massedichtes) System mit der inneren Energie U_1, dem Volumen V_1, der Entropie S_1, der Temperatur T_1 und dem Druck p_1 befindet sich in einer Umgebung mit der Temperatur T_0 und dem Druck p_0. Die maximale Arbeit wird dann gewonnen, wenn das System auf reversiblem Wege mit der Umgebung ins Gleichgewicht gebracht wird, d. h. daß die Systemtemperatur $T = T_0$ und der Systemdruck $p = p_0$ werden. Entropieänderungen des Systems kommen nur durch Wärmeübertragung zustande, und zwar ist $\mathrm{d}Q = T_0\,\mathrm{d}S$, da Wärme nur bei Umgebungstemperatur auf reversiblem Wege übertragen werden kann. Gegen den Umgebungsdruck ist die Volumenarbeit $p_0\,\mathrm{d}V$ zu leisten, die nicht zur maximalen Arbeit $\mathrm{d}A_m$ gerechnet werden soll. Die gesamte vom System geleistete Arbeit ist demnach $\mathrm{d}A = \mathrm{d}A_m + p_0\,\mathrm{d}V$. Setzt man diese Ausdrücke in die Gleichung des ersten Hauptsatzes $\mathrm{d}U = \mathrm{d}Q - \mathrm{d}A$ ein, so erhält man

$$\mathrm{d}A_m = -\,\mathrm{d}U + T_0\,\mathrm{d}S - p_0\,\mathrm{d}V$$

oder in integrierter Form

$$A_m = U_1 - U_0 - T_0\,(S_1 - S_0) + p_0\,(V_1 - V_0) \qquad (52)$$

Hierin sind U_0, S_0 und V_0 die Zustandsgrößen des Systems, wenn es mit der Umgebung im Gleichgewicht ist. Hat das System starre Wände oder ist die Volumenänderung zu vernachlässigen, so wird

$$A_m = U_1 - U_0 - T_0\,(S_1 - S_0) \qquad (53)$$

Bei der Ableitung von Gl. (52) sind über die Zustandsänderungen des Systems keine einschränkenden Voraussetzungen gemacht worden, außer daß sie reversibel sein sollen. Es kann sich also u. a. um mechanische, thermische, chemische oder elektrische Vorgänge handeln, und die maximale Arbeit kann in irgendeiner Form gewonnen werden. Gleichgewicht mit der Umgebung ist nur für T und p gefordert. Sofern auch Konzentrationsunterschiede gegenüber der Umgebung reversibel zur Arbeitsleistung ausgenutzt werden sollen, ändert sich die maximale Arbeit A_m. Sie kann also nur unter genau festgelegten Gleichgewichtsbedingungen eindeutig berechnet werden.

Wir betrachten als einfaches Beispiel einen Körper der Masse m mit der einheitlichen Anfangstemperatur T_1, dessen innere Energie nur durch Wärmeabfuhr verringert werden kann. Die maximale Arbeit kann durch elementare Carnot-Prozesse gewonnen werden, die zwischen der augenblicklichen Temperatur T des Körpers und der festen Umgebungstemperatur T_0 arbeiten und die Arbeit $\mathrm{d}A = -\,\mathrm{d}Q\,(T - T_0)/T$ liefern (Abb. 21). Werden Volumenänderungen des Körpers vernachlässigt ($V = \mathrm{const}$), so ist $\mathrm{d}Q = \mathrm{d}U = m\,c_v\,\mathrm{d}T$. Damit wird die Arbeit des elementaren Carnot-Prozesses $\mathrm{d}A = -m\,c_v\,\mathrm{d}T\,(T - T_0)/T$ oder integriert zwischen den Temperaturen T_1 und T_0

$$A_\mathrm{m} = m\,c_v\,[(T_1 - T_0) - T_0 \ln (T_1/T_0)] \quad (54)$$

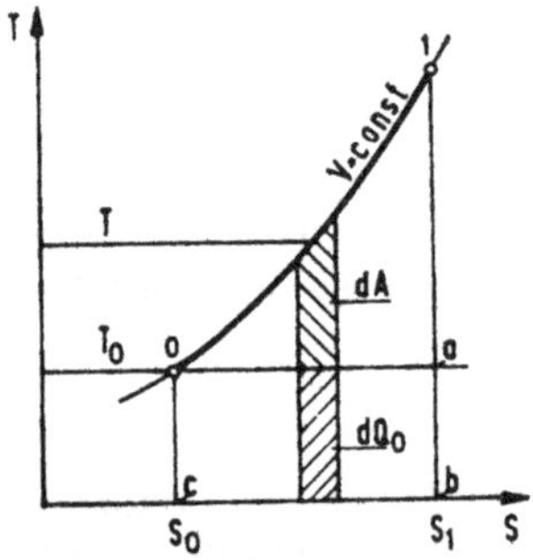

Abb. 21. Maximale Arbeit beim geschlossenen System

wenn c_v als konstant angenommen wird. Die Entropieänderung des Körpers kann aus der Beziehung $\mathrm{d}S = \mathrm{d}Q/T = m\,c_v\,\mathrm{d}T/T$ berechnet werden. Man erhält

$$S_1 - S_0 = m\,c_v \ln (T_1/T_0) \quad (55)$$

Setzt man Gl. (55) in Gl. (54) ein und berücksichtigt, daß die Änderung der inneren Energie des Körpers $U_1 - U_0 = m\,c_v\,(T_1 - T_0)$ ist, so erhält man für die maximale Arbeit die mit Gl. (53) identische Beziehung

$$A_\mathrm{m} = U_1 - U_0 - T_0\,(S_1 - S_0)$$

In Abb. 21 bedeutet die Fläche 1 *b c* 0 unter der Isochoren 1—0 die Differenz der inneren Energien $U_1 - U_0$, die Fläche 0 *a b c* entspricht $T_0\,(S_1 - S_0)$, so daß die maximale Arbeit durch die Fläche 1 *a* 0 dargestellt wird.

Will man die betrachtete Anordnung als „Wärmeakkumulator" betreiben, so muß man sie auch reversibel „aufladen", um den höchsten Nutzeffekt zu erzielen, d. h. man muß reversibel die innere Energie des Körpers von U_0 auf U_1 erhöhen. Das kann mittels elementarer, als Wärmepumpen arbeitender linksläufiger Carnot-Prozesse erfolgen, die nach Abb. 21 der Umgebung die Wärme $\mathrm{d}Q_0$ bei der Temperatur T_0 entnehmen und die Arbeit $\mathrm{d}A$ verbrauchen, so daß $\mathrm{d}U = \mathrm{d}Q_0 - \mathrm{d}A$ wird, da zugeführte Arbeit negativ gerechnet wird.

Der gesamte Arbeitsbedarf dieser Wärmepumpen ist durch Gl. (54) gegeben, so daß man bei der reversiblen Entladung des Wärmeakkumulators die aufgewendete Arbeit vollständig zurückerhält. Der Wirkungsgrad eines reversibel aufgeladenen und entladenen Wärmeakkumulators ist Eins, wie es zu erwarten war.

Verzichtet man bei der Aufladung auf die Wärmepumpen und lädt mittels direkter, z. B. elektrischer Beheizung auf, so muß man dem Körper die Dissipationsarbeit $-A_{\mathrm{irr}} = U_1 - U_0$ zuführen. Hierdurch wird die Entropie des Körpers um $\Delta S_i = (S_1 - S_0)_i$ erhöht. Da bei der reversiblen Entladung die maximale Arbeit A_{m} nach Gl. (53) erhalten wird, entsteht durch die irreversible Aufladung ein Arbeitsverlust

$$\Delta A = -A_{\mathrm{irr}} - A_{\mathrm{m}} = T_0 \, \Delta S_i = T_0 \, (S_1 - S_0)_i \tag{56}$$

Dieses Ergebnis werden wir unter Ziffer 5 dieses Abschnittes noch in allgemeinerer Form erhalten.

3. Offenes stationäres System. Die Nutzarbeit des offenen stationären Systems, die die technische Arbeit A_{t} genannt wird, ist durch Gl. (II 15) gegeben. Bei Vernachlässigung der Änderungen der kinetischen und der potentiellen Energie wird für beliebige Zustandsänderungen

$$A_{\mathrm{t}} = Q + H_1 - H_2 \tag{57}$$

mit H_1 und H_2 als den Enthalpien des Arbeitsmediums im Eintritts- und Austrittszustand. Die maximale technische Arbeit A_{mt} wird dann erhalten, wenn alle Zustandsänderungen reversibel verlaufen und wenn das Arbeitsmedium beim Austritt mit der Umgebung im Gleichgewicht steht, also dort den Druck p_0 und die Temperatur T_0 besitzt. In diesem Zustand hat es die Enthalpie H_0 und die Entropie S_0. Da reversibler Wärmeaustausch nur bei Umgebungstemperatur T_0 möglich ist, wird $Q = T_0 \, (S_0 - S_1)$. Damit erhält man für die maximale technische Arbeit

$$A_{\mathrm{mt}} = H_1 - H_0 - T_0 \, (S_1 - S_0) \tag{58}$$

Die Zustandsänderungen im System können beliebig, müssen aber reversibel sein; die Arbeit kann in beliebiger Form gewonnen werden. Über das Gleichgewicht mit der Umgebung gilt das unter Ziffer 2 dieses Abschnitts Gesagte. Wird dem System zusätzlich die Wärme Q' bei der Temperatur T' zugeführt, so muß Gl. (58) mit Gl. (51) kombiniert werden. Die maximale technische Arbeit nach Gl. (58) erhöht sich in diesem Falle um $Q'(T' - T_0)/T'$.

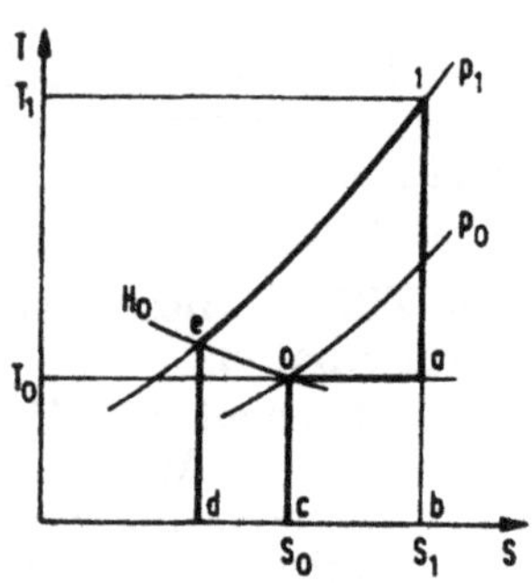

Abb. 22. Maximale technische Arbeit für $S_1 > S_0$

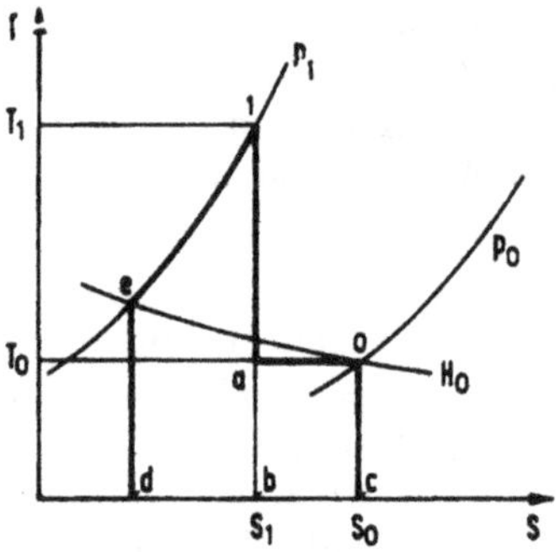

Abb. 23. Maximale technische Arbeit für $S_1 < S_0$

Im T,S-Diagramm kann man die maximale technische Arbeit als Fläche darstellen, wie es in Abb. 22 und 23 für den Fall ohne zusätzliche Wärmezufuhr für $S_1 > S_0$ und für $S_1 < S_0$ gezeigt ist. In beiden Abbildungen entspricht die Fläche 1 *b d e* als Fläche unter der Isobaren 1 *e* der Enthalpiedifferenz $H_1 - H_0$, da die Linie 0 *e* die Isenthalpe $H = H_0$ darstellt, die beim idealen Gas mit der Isothermen $T = T_0$ zusammenfallen würde. Die Fläche 0 *a b c* ist die mit der Umgebung ausgetauschte Wärme $T_0 (S_1 - S_0)$, die im Falle $S_1 < S_0$ der Umgebung entzogen wird und die maximale technische Arbeit erhöht. Der Linienzug 1 *a* 0 braucht nicht mit der wirklichen Zustandsänderung im System übereinzustimmen. Auch eine zusätzliche Wärmezufuhr zum System läßt sich einfach im T, S-Diagramm verfolgen.

4. Anfangs- und Endtemperatur sind gleich. Wir betrachten im folgenden geschlossene Systeme mit gleicher Anfangs- und Endtemperatur ($T_1 = T_2 = T$). Wärmeübertragung soll nur bei der Systemtemperatur T möglich sein, während im übrigen beliebige Temperaturen herrschen können. Alle Zustandsänderungen verlaufen reversibel. In der Gleichung des ersten Hauptsatzes $\mathrm{d}Q = \mathrm{d}U + \mathrm{d}A$ können wir dann $\mathrm{d}Q = T\,\mathrm{d}S$ setzen. Die vom System geleistete Volumenarbeit $p\,\mathrm{d}V$ soll nicht zur maximalen Arbeit $\mathrm{d}A_\mathrm{m}$ zählen, so daß die gesamte Arbeitsleistung $\mathrm{d}A = \mathrm{d}A_\mathrm{m} + p\,\mathrm{d}V$ wird. Damit erhalten wir

$$\mathrm{d}A_\mathrm{m} = T\,\mathrm{d}S - \mathrm{d}U - p\,\mathrm{d}V \tag{59}$$

oder in integrierter Form zwischen den Zuständen 1 und 2

$$A_\mathrm{m} = T\,(S_2 - S_1) - (U_2 - U_1) - \int_1^2 p\,\mathrm{d}V \tag{60}$$

Bei konstantem Volumen ($\mathrm{d}V = 0$) entsteht die Gleichung

$$A_\mathrm{m} = U_1 - T\,S_1 - (U_2 - T\,S_2) = F_1 - F_2 = -\,\Delta F \tag{61}$$

mit der freien Energie F (Helmholtz-Funktion) nach Gl. (23) und dem Zeichen Δ nach II § 2. Die maximale Arbeit A_m ist gleich der Abnahme der freien Energie F.

Bei konstantem Druck p erhalten wir aus Gl. (60)

$$A_\mathrm{m} = U_1 + p\,V_1 - T\,S_1 - (U_2 + p\,V_2 - T\,S_2) =$$
$$= G_1 - G_2 = -\,\Delta G \tag{62}$$

mit der freien Enthalpie G (Gibbs-Funktion) nach Gl. (23). Die maximale Arbeit A_m ist gleich der Abnahme der freien Enthalpie G. Die maximale Arbeit A_m nach Gl. (61) und (62) ist eine echte Zustandsgröße des Systems im Gegensatz zu den Ausdrücken von der Art der Gl. (51), (52) oder (58).

Gl. (61) und (62) haben besondere Bedeutung für chemische Reaktionen. Wenn diese auch in vielen Fällen ohne Gewinn von Nutzarbeit, also irreversibel ablaufen, kennzeichnet A_m die Reaktionsrichtung. Nur solche Reaktionen sind möglich, bei denen die Endprodukte eine kleinere freie Energie F (bei $V = \text{const}$) oder eine kleinere freie Enthalpie G (bei $p = \text{const}$) haben als die Ausgangsstoffe. Das chemische Gleichgewicht ist durch das Minimum von F bzw. G bestimmt. Die maximale Arbeit A_m kennzeichnet daher auch den Abstand vom Gleichgewicht und damit die Triebkraft der Reaktion und wird Affinität genannt. Ob eine Reaktion wirklich abläuft, hängt auch von kinetischen Bedingungen, z. B. der Beseitigung von Reaktionshemmungen ab. Reaktionen, die den obigen thermodynamischen Bedingungen nicht entsprechen, können überhaupt nicht ablaufen.

Die Änderung der freien Enthalpie ΔG bei isobaren Reaktionen läßt sich auf folgende Weise ausdrücken. Aus der Definitionsgleichung $G = H - T\,S$ bilden wir die Gleichung zwischen den Differenzen

$$\Delta G = \Delta H - T\,\Delta S \tag{63}$$

Man nennt ΔH die Reaktionsenthalpie (bei Verbrennungsreaktionen den negativen Heizwert) und ΔS die Reaktionsentropie. Nach Gl. (25) ist $(\partial G/\partial T)\,p = -S$, oder als Gleichung zwischen Differenzen (mit $T_1 = T_2 = T$) geschrieben

$$(\partial \Delta G/\partial T)_p = -\Delta S \tag{64}$$

Eliminiert man mit Gl. (64) die Reaktionsentropie aus Gl. (63), so entsteht die Gleichung von Gibbs und Helmholtz

$$\Delta G = \Delta H + T\,(\partial \Delta G/\partial T)_p \tag{65}$$

Diese Gleichung verbindet die Reaktionsenthalpie mit der maximalen Arbeit und deren Temperaturabhängigkeit. Da bei chemischen Reaktionen, die sich nahezu reversibel durchführen lassen (z. B. in galvanischen Zellen), alle Terme von Gl. (65) einzeln meßbar sind, kann diese Gleichung auch zur experimentellen Prüfung des zweiten Hauptsatzes dienen. Sie liefert zugleich die maximale Arbeit der „reversiblen Verbrennung“, die heute in Brennstoffelementen bereits im technischen Maßstab angewandt wird (vgl. X § 3). Eine Gl. (65) entsprechende Beziehung läßt sich auch für ΔF ableiten. Sie lautet

$$\Delta F = \Delta U + T\,(\partial \Delta F/\partial T)_v \tag{66}$$

5. Arbeitsverlust durch Irreversibilität. Zur Berechnung des durch irreversible Prozesse entstehenden Verlustes an Nutzarbeit betrachten wir als Beispiel das offene stationäre System nach Ziffer 3 dieses Abschnitts. Enthält der Prozeß, der das Arbeitsmedium vom Eintrittszustand (Index 1) auf den Gleichgewichtszustand mit der Umgebung (Index 0) bringt, irreversible Zustandsänderungen, so wird die Entropieänderung

$$S_0 - S_1 = Q/T_0 + \Delta S_i \tag{67}$$

mit $\Delta S_i > 0$ als der durch Irreversibilität erzeugten Entropiezunahme. Die technische Arbeit A_t dieses Prozesses wird dann

$$A_t = H_1 - H_0 - T_0\,(S_1 - S_0) - T_0\,\Delta S_i = A_{mt} - T_0\,\Delta S_i \tag{68}$$

mit der maximalen technischen Arbeit A_{mt} nach Gl. (58). Der Arbeitsverlust $A_{mt} - A_t$ ist danach gleich dem Produkt aus der Umgebungstemperatur T_0 und der durch Irreversibilität erzeugten Entropiezunahme ΔS_i. Dieses Ergebnis, das wir auch schon mit Gl. (56) erhielten, gilt für beliebige Prozesse.

Als Anwendungsbeispiel betrachten wir den Arbeitsverlust durch Wärmeübertragung bei endlichem Temperaturunterschied in einem Wärmeaustauscher. Der wärmere Strom (Index *a*) gibt längs eines Flächenelements des Apparats die Wärme dQ in einem Zeitelement ab, wodurch seine Entropie um $\mathrm{d}S_a = -\,\mathrm{d}Q/T_a$ vermindert wird. Der kältere Strom (Index *b*) nimmt die Wärme dQ auf, wodurch seine Entropie um $\mathrm{d}S_b =$

$\mathrm{d}Q/T_b$ erhöht wird. Die gesamte innere Entropieänderung beträgt

$$\mathrm{d}S_i = \mathrm{d}S_a + \mathrm{d}S_b = \mathrm{d}Q\left(\frac{1}{T_b} - \frac{1}{T_a}\right) = \mathrm{d}Q\,\frac{T_a - T_b}{T_a\,T_b} \qquad (69)$$

so daß der durch die irreversible Wärmeübertragung erzeugte Arbeitsverlust

$$\mathrm{d}A = T_0\,\mathrm{d}S_i = T_0\,\mathrm{d}Q\,(T_a - T_b)/(T_a\,T_b) \qquad (70)$$

wird, wenn T_0 die Umgebungstemperatur bedeutet. Aus Gl. (70) läßt sich ablesen, daß der Arbeitsverlust $\mathrm{d}A$ bei gleichem Temperaturunterschied $T_a - T_b$ um so größer wird, je kleiner das Produkt $T_a\,T_b$ ist. Das bedeutet, daß im Bereich der Tiefsttemperaturtechnik die Wärmeaustauscher mit größerer Austauschfläche auszulegen sind als bei höheren Temperaturen.

Die Betrachtungen über die maximale Arbeit lassen sich wie folgt zusammenfassen: Aus jedem System, das sich mit Nachbarsystemen (oder seiner Umgebung) nicht bereits im vollständigen thermodynamischen Gleichgewicht befindet, kann Arbeit gewonnen werden. Wird das System reversibel in den Gleichgewichtszustand mit Nachbarsystemen (oder seiner Umgebung) überführt, so kann dabei die maximale Arbeit gewonnen werden. Jeder irreversible Teilvorgang verkleinert die gewinnbare Arbeit.

§ 7 Nernstscher Wärmesatz

Die Gleichung (65) von Gibbs und Helmholtz

$$\Delta G = \Delta H + T\,(\partial \Delta G/\partial T)_p \qquad (65)$$

ist eine Differentialgleichung für $\Delta G = f_1(T)$, in der die Reaktionsenthalpie $\Delta H = f_2(T)$ vorgegeben ist. Ihre Lösung lautet

$$\frac{\Delta G}{T} = -\int_0^T \frac{\Delta H}{T^2}\,\mathrm{d}T + \mathrm{const} \qquad (71)$$

Durch partielle Integration erhält man

$$-\int_0^T \frac{\Delta H}{T^2}\,\mathrm{d}T = \frac{\Delta H}{T} - \int_0^T \frac{\mathrm{d}\Delta H}{T} \tag{72}$$

Setzt man Gl. (65) und (72) in Gl. (71) ein, so wird

$$\left(\frac{\partial \Delta G}{\partial T}\right)_p = -\int_0^T \frac{\mathrm{d}\Delta H}{T} + \mathrm{const} \tag{73}$$

Zwischen der Reaktionsenthalpie ΔH und der Änderung der Wärmekapazitäten durch die Reaktion ΔC_p besteht die aus dem ersten Hauptsatz folgende Kirchhoffsche Beziehung (die hier nicht abgeleitet wird)

$$\mathrm{d}\Delta H = \Delta C_p\,\mathrm{d}T \tag{74}$$

so daß man statt Gl. (73) auch schreiben kann

$$\left(\frac{\partial \Delta G}{\partial T}\right)_p = -\int_0^T \frac{\Delta C_p}{T}\,\mathrm{d}T + \mathrm{const} \tag{75}$$

Da die Wärmekapazitäten aller Stoffe für $T \rightarrow 0$ stärker als linear mit T zum Wert Null gehen, liefert das Integral in Gl. (75) für $T = 0$ keinen Beitrag, so daß die Integrationskonstante in Gl. (71) nach Gl. (75) gleich der Neigung der ΔG, T-Kurve für $T = 0$ wird. Nach einer von W. Nernst (1906) aufgestellten und durch vorliegende Versuche bewiesenen Behauptung wird

$$\lim\,(\partial \Delta G/\partial T)_p = 0 \quad \text{für} \quad T \rightarrow 0 \tag{76}$$

Das bedeutet, daß die Integrationskonstante in Gl. (75) Null sein soll. Verwendet man die in der Nähe des absoluten Nullpunkts theoretisch und experimentell gut bestätigte Beziehung

$$\Delta C_p = a\,T^3 + b\,T \tag{77}$$

mit a und b als Konstanten, so wird nach Gl. (74)

$$\Delta H = \Delta H_0 + (a\,T^4/4) + b\,T^2/2 \tag{78}$$

wenn der Index Null hier die Funktionswerte für $T = 0$ bezeichnet. Nach Gl. (65) wird $\Delta G_0 = \Delta H_0$. Ferner erhält man aus Gl. (65) und Gl. (75)

$$T\,(\partial \Delta G/\partial T)_p = \Delta G - \Delta H = -\,(a\,T^4/3) - b\,T^2 \tag{79}$$

so daß in der Nähe von $T = 0$ die Gibbs-Helmholtz-Gleichung (65) lautet:

$$\Delta G = \Delta H_0 - (a\,T^4/12) - b\,T^2/2 \tag{80}$$

Diese Beziehung ist in Abb. 24 schematisch dargestellt. Auch die ΔH, T-Kurve hat nach Gl. (78) eine waagerechte Tangente für $T = 0$.

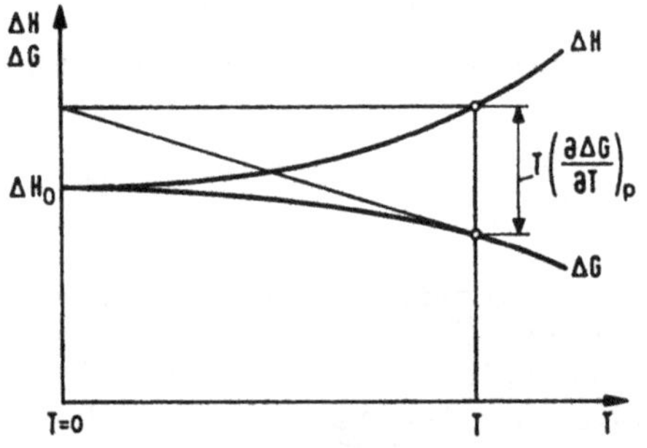

Abb. 24. Zum Nernstschen Wärmesatz

Das Nullsetzen der Konstanten in Gl. (75) für $T = 0$ nach Nernst hat weitreichende Folgen. Nach Gl. (64) gilt damit auch für die Reaktionsentropie

$$\lim \Delta S = 0 \quad \text{für} \quad T \to 0 \tag{81}$$

Das bedeutet, daß für alle Stoffe im ungehemmten inneren Gleichgewicht die Entropie in der Nähe des absoluten Nullpunkts einen gemeinsamen konstanten Wert annimmt ($S_0 = \text{const}$). Diese Konstante wurde später von Max Planck gleich Null gesetzt. Mit Hilfe dieser für alle Stoffe gleichen Nullpunktsentropie kann man Absolutwerte der freien Reaktionsenthalpie und -energie und damit auch chemische Gleichgewichte durch Integration von $T = 0$ an vorausberechnen. Diese Aufgabe der chemischen Thermodynamik wird in diesem Buche nicht weiter behandelt.

Der Nernstsche Wärmesatz gemäß Gl. (76) und (81), der auch der dritte Hauptsatz der Thermodynamik genannt wird, hat auf das gesamte thermodynamische Verhalten der Stoffe bei tiefen Temperaturen Einfluß. Als Beispiel werde der thermische Ausdehnungskoeffizient $\alpha = (\partial V/\partial T)_p/V$ nach Gl. (II 42) betrachtet, der sich nach der vierten Maxwell-Beziehung Gl. (29) auch in der Form

$$-(\partial S/\partial p)_T = (\partial V/\partial T)_p = \alpha V$$

schreiben läßt. Da in der Nähe von $T = 0$ die Entropie nicht mehr vom Druck abhängen kann, ergibt sich nach Nernst $\alpha \to 0$ für $T \to 0$. Dieses Verhalten wird durch Messungen bestätigt; schon im Bereich von 100 K ist der Ausdehnungskoeffizient vieler Stoffe merklich kleiner als bei gewöhnlicher Temperatur.

Aus dem Nernstschen Wärmesatz folgt auch die Unerreichbarkeit des absoluten Nullpunkts. Dieser soll nicht in einer endlichen Zahl von Zustandsänderungen erreicht werden können. Abb. 25 zeigt zwei Isobaren

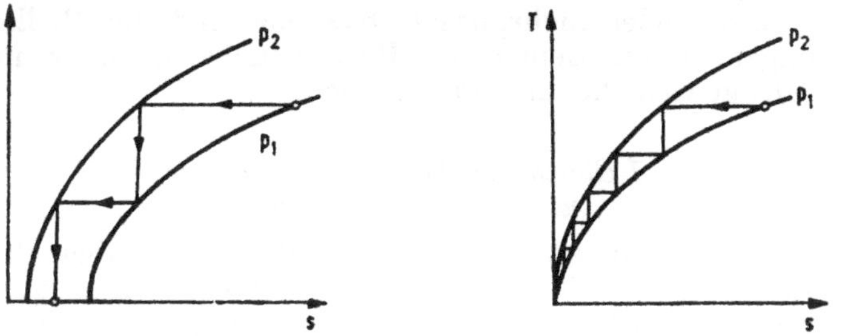

Abb. 25 und 26. Unerreichbarkeit des absoluten Nullpunkts

im T, S-Diagramm ($p_2 > p_1$), zwischen denen ein mehrstufiger Kälteprozeß abläuft, der aus isothermen Kompressionen und reversibel adiabaten Expansionen besteht. Im gezeichneten Beispiel hätte man nach zwei Stufen entgegen der Voraussage den absoluten Nullpunkt erreicht. Die beiden Isobaren entsprechen allerdings nicht dem Nernstschen Wärmesatz, sondern müssen die in Abb. 26 gezeichnete Lage haben (mit der Festlegung $S_0 = 0$). Dann führt der erwähnte Kälteprozeß nicht in einer endlichen Stufenzahl zum absoluten Nullpunkt.

V Mehrphasige Systeme

Während unsere bisherigen Betrachtungen sich auf homogene Systeme bezogen, werden wir im folgenden solche Systeme betrachten, die sich in mehrere homogene Teilsysteme, die sogenannten Phasen, zerlegen lassen. Wir verstehen unter einer Phase einen homogenen Teilbereich eines Systems, der sich physikalisch von seiner Umgebung unterscheidet. An den Grenzen derartiger Phasen ändern sich die extensiven Zustandsgrößen meist sprunghaft. Eine Phase muß nicht räumlich zusammenhängen, sie kann auch in einer anderen Phase dispers verteilt sein, wie z. B. Nebeltröpfchen in gasförmiger Umgebung oder Dampfbläschen in einer Flüssigkeit. Eine wichtige Aussage der Thermodynamik für zwei- oder mehrphasige Systeme sind die Bedingungen, unter denen die Phasen nebeneinander im Gleichgewicht koexistieren können.

§ 1 Gleichgewicht zwischen flüssiger und gasförmiger Phase

Untersuchen wir in einem Zylinder mit Kolben die Beziehung zwischen Druck und Volumen einer gasförmigen Substanz bei konstanter Temperatur, d. h. nehmen wir Isothermen im p, v-Diagramm auf, so erhalten wir bei hinreichend hohen Temperaturen die gleichseitigen Hyperbeln des idealen Gases $p\,v = \text{const.}$ Bei niedrigeren Temperaturen bekommen diese Isothermen Wendepunkte (Abb. 27), und schließlich beobachten wir im Punkte A den Beginn der Verflüssigung. Bei weiterer Kompression bei der gleichen Temperatur bleibt der Druck konstant, bis beim Punkte B der ganze Zylinderinhalt verflüssigt ist. Der Druck steigt bei weiterer Volumenverminderung stark an. Zwischen A und B bestehen gasförmige und flüssige Phasen nebeneinander. Dieses Zweiphasengebiet wird durch die sogenannten Grenzkurven von dem gasförmigen Gebiet (rechts) und dem flüssigen Gebiet (links) abgetrennt (Abb. 27). Die beiden Grenzkurven gehen im kritischen Punkt (KP) mit waagerechter Tangente im p, v-Diagramm ineinander über. Die diesen Punkt berührende Isotherme, die kritische Isotherme genannt, hat dort eine waagerechte Wendetangente. Verflüssigung eines Gases ist also nur bei Abkühlung unter die kritische Temperatur T_k möglich.

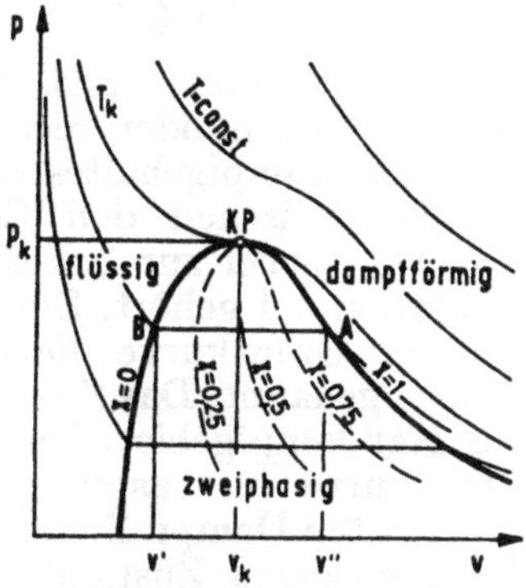

Abb. 27. p, v-Diagramm des zweiphasigen Systems

Zur Kennzeichnung eines Zustandes im Zweiphasengebiet wird der Dampfgehalt x durch die Gleichung

$$x = \frac{\text{Masse des Dampfes}}{\text{Gesamtmasse}}$$

eingeführt. Entsprechend ist

$$1 - x = \frac{\text{Masse der Flüssigkeit}}{\text{Gesamtmasse}}$$

Da sich die extensiven Zustandsgrößen eines Systems additiv aus den entsprechenden Größen der Teilsysteme (hier der Phasen) zusammensetzen, wird das spezifische Volumen v in einem Punkt im Zweiphasengebiet

$$v = v' + (v'' - v')\,x = v'\,(1 - x) + v''\,x \qquad (1)$$

Hierin bedeuten v' und v'' die spezifischen Volumina auf der linken oder rechten Grenzkurve. Die Linien gleichen Dampfgehaltes x teilen danach die Strecke $v'' - v'$ zwischen den Grenzkurven in gleiche Abschnitte, wobei zur linken Grenzkurve $x = 0$ und zur rechten $x = 1$ gehört. Ein Stoff, dessen Zustand auf der rechten Grenzkurve liegt, wird trocken gesättigter Dampf genannt. Das Zweiphasengebiet nennt man auch das Naßdampfgebiet. Die Zustände rechts der rechten Grenzkurve im gasförmigen Gebiet entsprechen dem überhitzten Dampf. Zwischen dem gasförmigen und dem dampfförmigen Zustand gibt es keine scharfe Unterscheidung.

Um den Wärmeumsatz bei der Phasenumwandlung sichtbar zu machen, ist das T, s-Diagramm geeignet (Abb. 28). Die Isobaren, die bei hohen Temperaturen die logarithmischen Kurven des idealen Gases sind, bekommen bei Annäherung an das zweiphasige Gebiet Wendepunkte. Die kritische Isobare hat im kritischen Punkt eine waagerechte Wendetangente, im Zweiphasengebiet unterhalb der Grenzkurven fallen Isobaren und Isothermen zusammen. Da auch die Entropie eine extensive Größe ist, gilt für die spezifische Entropie in einem Punkt des

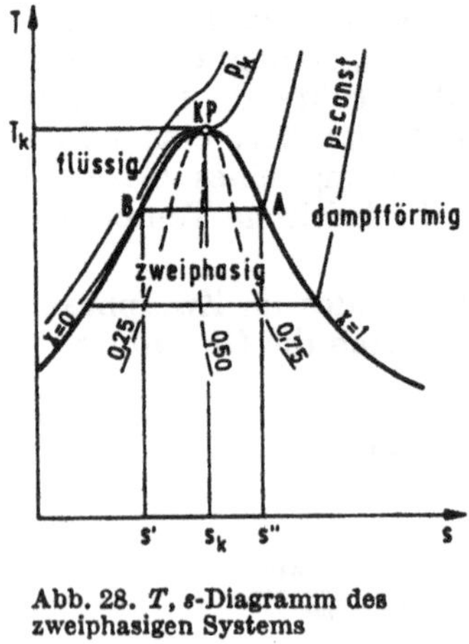

Abb. 28. T, s-Diagramm des zweiphasigen Systems

Naßdampfgebietes entsprechend Gl. (1)

$$s = s' + (s'' - s')\,x = s'\,(1 - x) + s''\,x \tag{2}$$

mit s' und s'' als den spezifischen Entropien auf der linken oder rechten Grenzkurve. Da die Verflüssigung des trocken gesättigten Dampfes, auch Kondensation genannt, längs einer Isobaren verläuft (Linie AB in Abb. 28), bedeutet die unter AB liegende Fläche im T, s-Diagramm die Abnahme der spezifischen Enthalpie $h'' - h'$ des Systems, wenn h'' und h' die spezifischen Enthalpien auf der rechten oder linken Grenzkurve sind. Aus Abb. 28 läßt sich ablesen

$$T\,(s'' - s') = h'' - h' = r \tag{3}$$

mit T als der thermodynamischen Temperatur der Isotherme AB. Diese Enthalpiedifferenz wird auch Kondensationswärme oder bei umgekehrtem Vorgang (von B nach A) Verdampfungswärme r genannt. Mit der Beziehung $h = u + p\,v$ erhält man auch

$$h'' - h' = r = u'' - u' + p\,(v'' - v') \tag{4}$$

Hierin ist $u'' - u'$ die Änderung der spezifischen inneren Energie bei der Phasenumwandlung, die auch Verdampfungsenergie oder innere Verdampfungswärme r_1 genannt wird, und $p\,(v'' - v')$ die bei der Verdampfung zu leistende Volumenarbeit. Meist ist $p\,(v'' - v')$ sehr viel kleiner als $u'' - u'$.

§ 2 Dampfdruckkurve. Clausius-Clapeyron-Gleichung

Da im Zweiphasengebiet Isothermen und Isobaren zusammenfallen, kann man die zusammengehörigen Werte des Dampfdrucks p und der Siede- oder Sättigungstemperatur T als Koordinaten des sogenannten Dampfdruckdiagramms verwenden, das die Dampfdruck- oder Koexistenzkurve enthält (Abb. 29). Das Zweiphasengebiet fällt in diese Dampfdruckkurve, die damit auch die Werte extensiver Größen auf den beiden

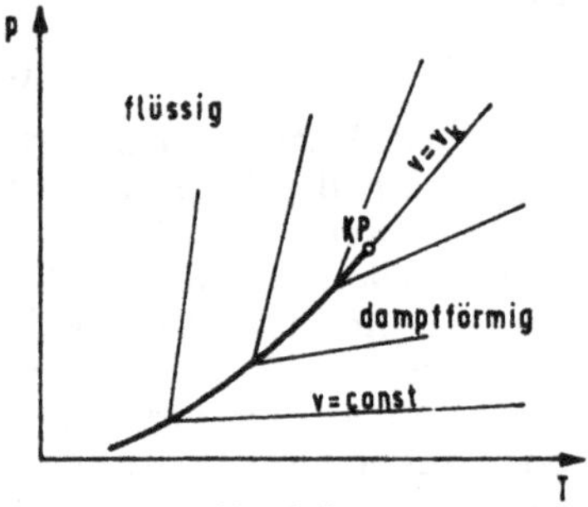

Abb. 29. Dampfdruckdiagramm

Grenzkurven im p, v- oder T, s-Diagramm und alle dazwischenliegenden Werte enthält. Daraus geht auch hervor, daß das Zweiphasengebiet nur in einer Richtung gekrümmt ist. Als Beispiel einer extensiven Größe sind in Abb. 29 die spezifischen Volumina eingetragen, die im Flüssigkeitsgebiet sehr steil verlaufen. Dort ist der Spannungskoeffizient $\beta = (\partial p/\partial T)_v/p$ sehr viel größer als im Dampfgebiet. Die Dampfdruckkurve endet rechts im kritischen Punkt KP und geht dort (nach den heutigen besten Messungen) ohne Knick in die kritische Isochore $v = v_k$ über.

Die Neigung der Dampfdruckkurve $\mathrm{d}p/\mathrm{d}T$ läßt sich aus Größen des zweiphasigen Gleichgewichts berechnen. Führt man einen Kreisprozeß durch, bei dem die Verdampfung beim Druck $p + \mathrm{d}p$ und der Temperatur $T + \mathrm{d}T$, die Kondensation beim Druck p und der Temperatur T vor sich gehen, so ist die gewonnene Arbeit (bis auf Größen zweiter Kleinheit) gleich $\mathrm{d}p\,(v'' - v')$

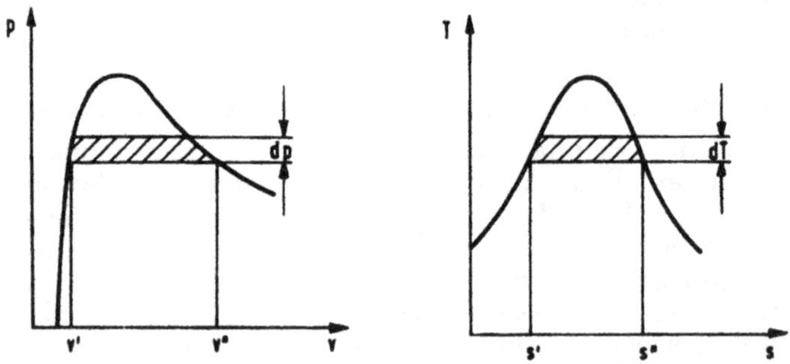

Abb. 30. Zur Ableitung der Clausius-Clapeyron-Gleichung

und die im System verschwundene Wärme $\mathrm{d}T\,(s'' - s')$ (Abb. 30). Da nach dem ersten Hauptsatz diese beiden Beträge einander gleich sein müssen, erhält man die von Clausius und Clapeyron abgeleitete Beziehung

$$\frac{\mathrm{d}p}{\mathrm{d}T} = \frac{s'' - s'}{v'' - v'} = \frac{r}{T\,(v'' - v')} \tag{5}$$

mit $s'' - s' = r/T$ nach Gl. (3).

Diese wichtige Gleichung läßt sich auch nach der Methode der thermodynamischen Potentiale ableiten (vgl. IV § 4). Da der Phasenübergang isotherm-isobar abläuft, muß die spezifische freie Enthalpie g, die Druck und Temperatur als unabhängige Veränderliche enthält, in beiden Phasen den gleichen Wert haben, es muß also $g' = g''$ sein. Aus Gl. (IV 23) folgt daraus

$$g' = h' - T\,s' = g'' = h'' - T\,s'' \tag{6}$$

oder die Beziehung $h'' - h' = T\,(s'' - s')$, die wir als Gl. (3) unmittelbar aus dem T, s-Diagramm abgelesen hatten. Da die freien Enthalpien der beiden Phasen längs der ganzen Dampfdruckkurve einander gleich sein müssen, also auch nach der Druckänderung $\mathrm{d}p$ und der zugehörigen Temperaturänderung $\mathrm{d}T$, muß auch $\mathrm{d}g' = \mathrm{d}g''$ gelten. Mit dem vollständigen Differential $\mathrm{d}g$ nach Gl. (IV 25) folgt daraus

$$\mathrm{d}g' = -\,s'\,\mathrm{d}T + v'\,\mathrm{d}p = \mathrm{d}g'' = -\,s''\,\mathrm{d}T + v''\,\mathrm{d}p$$

Diese Beziehung ist identisch mit der Clausius-Clapeyron-Gleichung (5).

Da alle Größen dieser Gleichung einzeln meßbar sind, kann sie zur experimentellen Bestätigung des zweiten Hauptsatzes dienen. Sie spielt besonders bei der Aufstellung von Zustandsgleichungen oder -diagrammen eine Rolle, da sie die einzeln gemessenen Größen zu vergleichen gestattet.

Da nach dem Nernstschen Wärmesatz (vgl. IV § 7) in der Nähe des absoluten Nullpunkts eine isotherme

Zustandsänderung keine Entropieänderung hervorrufen darf, muß dort $s'' - s'$ gegen Null gehen und daher nach Gl. (5) die Dampfdruckkurve waagerecht in die p-Achse einmünden. Das ist für Helium als der einzigen Substanz, die in der Nähe von $T \Rightarrow 0$ flüssig ist, experimentell bestätigt worden. Aber auch alle übrigen Dampfdruckkurven haben abnehmende Steigung $\mathrm{d}p/\mathrm{d}T$ bei fallender Temperatur.

In hinreichendem Abstand vom kritischen Punkt ist häufig $v'' \gg v'$. Außerdem kann man für den Dampf das ideale Gasgesetz $p\,v'' = R\,T$ als annähernd gültig annehmen, so daß man mit diesen Vereinfachungen aus Gl. (5) die Beziehung

$$\mathrm{d}p/\mathrm{d}T = r\,p/(R\,T^2) \tag{7}$$

erhält, die in integrierter Form

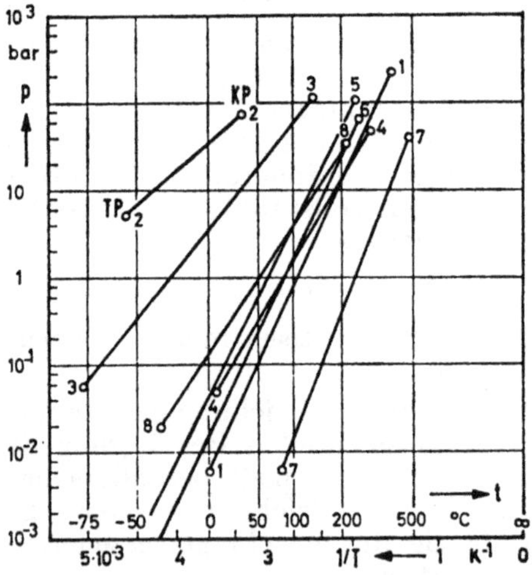

Abb. 31. Dampfdruckkurven verschiedener Stoffe, nach Gl. (8) aufgetragen. 1 Wasser, 2 Kohlendioxid, 3 Ammoniak, 4 Benzol, 5 Methylalkohol, 6 Äthylalkohol, 7 Naphthalin, 8 Frigen 113 ($C_2F_3Cl_3$)

$$\ln\left(\frac{p}{p_0}\right) = \frac{r}{R}\left(\frac{1}{T_0} - \frac{1}{T}\right) = \frac{r}{R}\,\frac{T - T_0}{T\,T_0} \tag{8}$$

lautet, wenn p_0 und T_0 zusammengehörige bekannte Werte der Dampfdruckkurve bedeuten und die Verdampfungsenthalpie r näherungsweise als temperaturunabhängig angesehen wird. Trotz der starken Vereinfachungen bei der Ableitung von Gl. (8) liefert diese eine sehr bequeme und auch für Extrapolationen geeignete Darstellung von Dampfdruckkurven, nämlich die Auftragung von $\log p$ über $-(1/T)$. Wie Abb. 31 zeigt, verlaufen die Dampfdruckkurven annähernd geradlinig bis zum kritischen Punkt (KP). Das „untere Ende" der Dampfdruckkurven, der Tripelpunkt (TP), wird in § 4 dieses Abschnitts behandelt. Kritische Daten verschiedener Stoffe sind in Tabelle 6 wiedergegeben.

§ 3 Van der Waals-Gleichung. Korrespondenzprinzip

Es gibt keine einfache Zustandsgleichung für überhitzte Dämpfe (auch reale Gase genannt) oder gar für den flüssigen und zweiphasigen Bereich, die das thermodynamische Verhalten mit der heute geforderten Genauigkeit beschreibt. Deswegen stellt man Zustandsdiagramme mit geeigneten Koordinaten auf, in denen sich die gewünschten Zustandsänderungen verfolgen lassen.

Neben dem schon behandelten T, s-Diagramm werden vor allem in der Kraftwerkstechnik das h, s-Diagramm und in der Kältetechnik das p, h-Diagramm verwendet. Die außerdem aufgestellten Zustandsgleichungen sind wegen ihres komplizierten Baues und der großen Zahl von Gliedern und Konstanten nur für elektronische Rechenautomaten geeignet.

Eine von J. D. van der Waals (1881) aufgestellte einfache Zustandsgleichung von der Form

$$\left(p + \frac{a}{v^2}\right)(v - b) = R\,T \tag{9}$$

mit a, b und R als stoffspezifischen Konstanten gibt insbesondere den kontinuierlichen Übergang von der flüssigen in die dampfförmige Phase in der Nähe des kritischen Punktes qualitativ richtig wieder. Gl. (9) ist durch Hinzunahme der beiden Zusatzglieder a/v^2 und $-b$ aus der Gasgleichung (III 4) entstanden. Diese Zusatzglieder lassen sich physikalisch deuten. Mit Hilfe der Gl. (IV 34) in der Form

$$T\left(\frac{\partial p}{\partial T}\right)_v = p + \left(\frac{\partial u}{\partial v}\right)_T \tag{10}$$

erhält man aus Gl. (9)

$$\left(\frac{\partial p}{\partial T}\right)_v = \frac{R}{v-b} \quad \text{und} \quad \left(\frac{\partial u}{\partial v}\right)_T = \frac{a}{v^2}$$

Damit ist das Zusatzglied a/v^2 gleich dem sogenannten Binnendruck $(\partial u/\partial v)_T$, der durch die Kraftwirkungen der Moleküle aufeinander entsteht und beim idealen Gas Null ist (vgl. IV § 4). Bei nicht zu hohen Drücken überwiegen bei realen Gasen und Flüssigkeiten die anziehenden Kräfte, so daß der Binnendruck als Kohäsionsdruck in Richtung des äußeren Druckes p wirkt, wie es von van der Waals angenommen wurde. Das Zusatzglied b ist das Eigenvolumen der Moleküle in dichtester Packung, so daß für die thermische Bewegung nur der Raum $v - b$ zur Verfügung steht.

Da die kritische Isotherme im kritischen Punkt eine waagerechte Wendetangente hat, dort also $(\partial p/\partial v)_T = 0$ und $(\partial^2 p/\partial v^2)_T = 0$ sind, kann man mit Hilfe dieser Beziehungen die Konstanten a, b und R in Gl. (9) durch die Zustandsgrößen des kritischen Punktes p_k, v_k und T_k ausdrücken und erhält

$$a = 3\,p_k\,v_k^2; \qquad b = v_k/3\,; \qquad R = 8\,p_k\,v_k/(3\,T_k)$$

Setzt man diese Ausdrücke in Gl. (9) ein und benutzt außerdem auf die kritischen Werte bezogene Koordinaten $\pi = p/p_k$; $\varphi = v/v_k$; $\vartheta = T/T_k$, die auch reduzierte Koordinaten genannt werden, so entsteht eine universelle Zustandsgleichung ohne stoffspezifische Konstanten:

$$\left(\pi + \frac{3}{\varphi^2}\right)(3\,\varphi - 1) = 8\,\vartheta \tag{11}$$

Diese Gleichung ist vom dritten Grade in φ und hat in gewissen Bereichen von π und ϑ drei reelle Lösungen (Abb. 32). Oberhalb der kritischen Isotherme, also für $\vartheta > 1$ besitzt Gl. (11) nur noch eine reelle Lösung. Von dem S-förmigen Kurvenstück für $\vartheta < 1$ ist der mittlere aufsteigende Ast thermodynamisch nicht stabil, da dort $(\partial p/\partial v)_T > 0$ wäre. Die Lage der beiden Grenzkurven in Abb. 32 wird aus der Bedingung erhalten, daß die beiden schraffierten Flächenstücke einander gleich sein müssen. Denn aus einer gedachten Verdampfung längs der S-förmigen Kurve und Kondensation längs der Geraden π = const darf keine Arbeit gewonnen werden, da beide Zustandsänderungen auf Isothermen der gleichen Temperatur verlaufen würden (Maxwell-Kriterium). Die von den Grenzkurven in das Zweiphasengebiet hineinlaufenden Äste der van der Waals-Isotherme bis zu den Extremwerten der S-förmigen Kurve entsprechen gehemmten Gleichgewichten, nämlich links der überhitzten Flüssigkeit und rechts dem unterkühlten Dampf. Diese metastabilen Zustände lassen sich teilweise verwirklichen. Wenn auch die van der Waals-Gleichung nur qualitativ mit dem wirklichen Verhalten der Stoffe übereinstimmt, ist sie

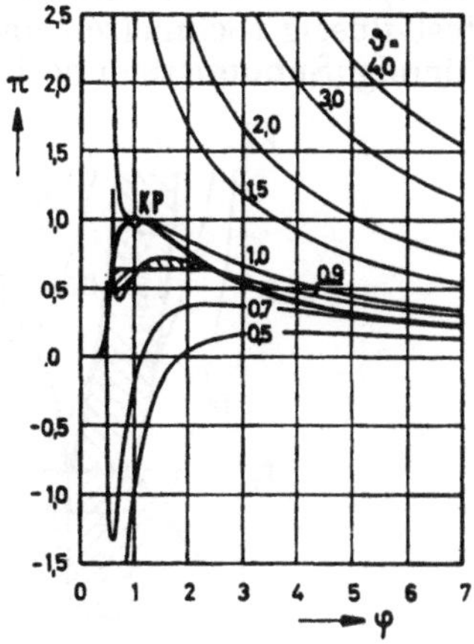

Abb. 32. Van der Waals-Gleichung in reduzierten Koordinaten

für erste Abschätzungen brauchbar und hat außerdem eine grundlegende historische Bedeutung für die Entwicklung der Theorie der Zustandsgleichungen.

Eine Zustandsgleichung von der Form der Gl. (11) mit reduzierten Koordinaten ist ein Spezialfall des Prinzips der übereinstimmenden Zustände, auch Korrespondenzprinzip genannt. Nach diesem Prinzip sollten alle Stoffe einer gemeinsamen Zustandsgleichung der Form $f(\pi, \varphi, \vartheta) = 0$ gehorchen. Aus dieser Gleichung ließen sich auch alle übrigen Zustandsgrößen in reduzierter Form ableiten. In dieser Allgemeinheit trifft das Prinzip nicht zu, es gilt jedoch oft mit überraschender Genauigkeit für Stoffe mit verwandtem molekularen Aufbau und leistet hier zur Berechnung unbekannter Zustandsgrößen gute Dienste. Das Korrespondenzprinzip ist in letzter Zeit in mehrfacher Hinsicht erweitert worden.

§ 4 Schmelzen und Sublimieren. Tripelpunkt

Außer dem Phasenübergang flüssig-dampfförmig (Verdampfen und Kondensieren) sind auch die Übergänge fest-flüssig (Schmelzen und Erstarren) und fest-dampfförmig (Sublimieren und Desublimieren) von Bedeutung.

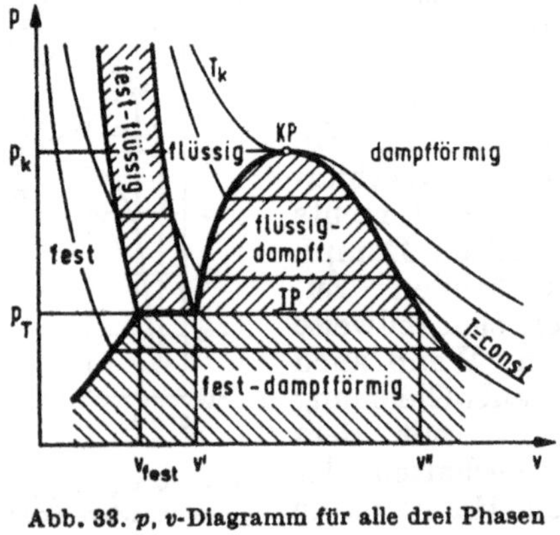

Abb. 33. *p, v*-Diagramm für alle drei Phasen

Abb. 33 zeigt ein p, v-Diagramm für alle drei Phasen. Zwischen den Bereichen der festen und der flüssigen Phase liegt das Zweiphasengebiet fest-flüssig, bei dem die Existenz eines kritischen Punktes noch nicht nachgewiesen ist. Unterhalb des Druckes p_T liegt das Zweiphasengebiet fest-dampfförmig.

Die Clausius-Clapeyron-Gleichung (5) läßt sich auch für das Schmelzen und das Sublimieren anwenden, da bei ihrer Ableitung keine Einschränkungen hinsichtlich des Phasenübergangs gemacht wurden. Für den Schmelzvorgang hat sie folgende Form

$$\frac{\mathrm{d}p}{\mathrm{d}T} = \frac{l_s}{T\,(v_{fl} - v_{fest})} \tag{12}$$

mit l_s als der spezifischen Schmelzenthalpie, auch Schmelzwärme genannt, und v_{fl} und v_{fest} als den spezifischen Volumina der flüssigen und der festen Phase auf den beiden Grenzkurven des zugehörigen Zweiphasengebiets. Für die Sublimation erhält die Clausius-Clapeyron-Gleichung die Form

$$\frac{\mathrm{d}p}{\mathrm{d}T} = \frac{l_{sub}}{T\,(v'' - v_{fest})} \tag{13}$$

mit l_{sub} als der spezifischen Sublimationsenthalpie und v'' und v_{fest} als den spezifischen Volumina der dampfförmigen und der festen Phase auf den entsprechenden Grenzkurven. Bringt man einen Stoff bei $p = \text{const}$ von der festen in die gasförmige Phase, und zwar einmal dicht oberhalb und ein zweites Mal dicht unterhalb von p_T, so muß die Enthalpiedifferenz zwischen Anfangs- und Endzustand in beiden Fällen die gleiche sein. Daraus folgt für diesen Bereich

$$l_{sub} = r + l_s \tag{14}$$

Bei der Sublimation kann man meist v_{fest} gegen v'' vernachlässigen und für den Dampf das ideale Gasgesetz $v'' = R\,T/p$ anwenden. Dann erhält man eine zu Gl. (7) analoge Beziehung, die in integrierter Form

$$\ln\left(\frac{p}{p_0}\right) = \frac{l_{sub}}{R}\left(\frac{1}{T_0} - \frac{1}{T}\right) \tag{15}$$

lautet, wenn die Sublimationsenthalpie l_{sub} näherungsweise konstant gesetzt wird. Trägt man den Logarithmus des Sublimationsdrucks $\log p$ über $-(1/T)$ auf, so erhält man annähernd gerade Linien (Abb. 34), ähnlich wie in Abb. 31 für den Dampfdruck über der flüssigen Phase.

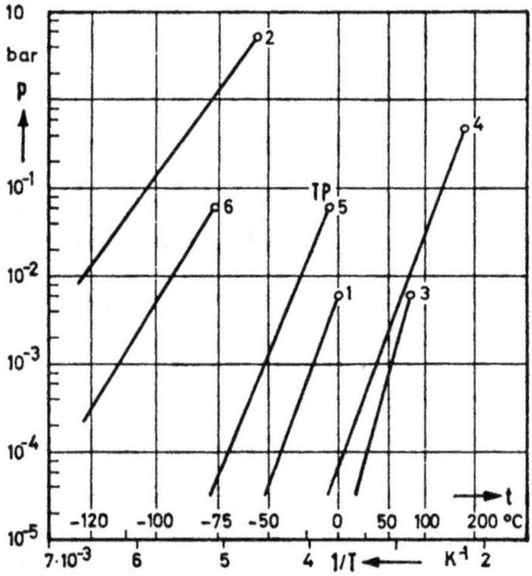

Abb. 34. Sublimationsdruckkurven verschiedener Stoffe nach Gl. (15). 1 Wasser, 2 Kohlendioxid, 3 Naphthalin, 4 Kampfer, 5 Brom, 6 Ammoniak

Die Druck-Temperatur-Kurven der drei Phasengleichgewichte lassen sich in einem gemeinsamen Diagramm vereinigen (Abb. 35). Sie treffen sich im sogenannten Tripelpunkt (TP), bei dem die feste, die flüssige und die dampfförmige Phase nebeneinander im Gleichgewicht existieren können.

Der Tripelpunkt begrenzt die Dampfdruckkurve in Richtung niedrigerer Temperaturen (Abb. 31) und die Sublimationsdruckkurve in Richtung höherer Temperaturen (Abb. 34). Im p, v-Diagramm der Abb. 33 ist

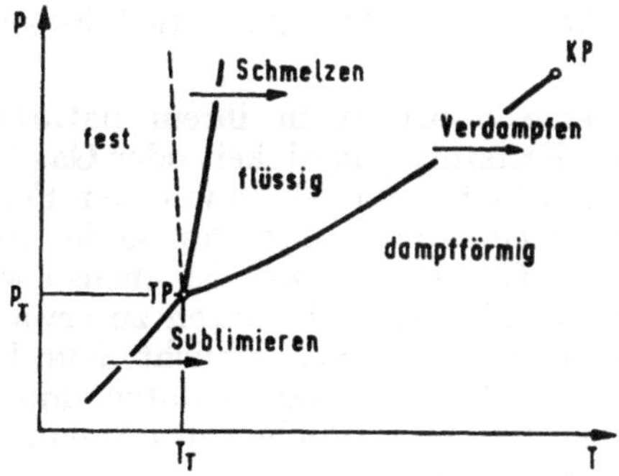

Abb. 35. p, T-Diagramm für alle drei Phasen

der Tripelpunkt zur Tripellinie auseinandergezogen, weil jede der drei Phasen ihr eigenes spezifisches Tripelvolumen hat.

Die Schmelzkurve in Abb. 35 hat bei den meisten Substanzen eine positive Neigung, da sich diese beim Schmelzen ausdehnen und daher in Gl. (12) $v_{fl} > v_{fest}$ ist. Die Schmelzenthalpie ist immer positiv. Eine wichtige Ausnahme ist Wasser, das sich beim Schmelzen um etwa 9 % zusammenzieht, und dessen Schmelzkurve daher in der Nähe des Tripelpunktes nach links geneigt ist (gestrichelte Linie in Abb. 35) mit der Neigung $\mathrm{d}p/\mathrm{d}T = -135$ bar/K. Das bedeutet, daß die Schmelztemperatur durch einen Druck von 135 bar um 1 K erniedrigt werden kann. Diese Anomalie bei Wasser hat u. a. zur Folge, daß Eis auf flüssigem Wasser schwimmt, während z. B. gefrorenes Benzol in flüssigem Benzol untergeht. In der Natur frieren die Seen und Flüsse von oben zu, wodurch die weitere Eisbildung so stark verlangsamt wird, daß sie meist nicht bis auf den Grund reicht. Die Sprengkraft gefrierenden Wassers spielt bei der Erosion der Gebirge eine wichtige Rolle. Außer Wasser ziehen sich u. a. noch folgende Stoffe beim Schmelzen zusammen: Wismut, Gallium, Thallium,

Antimon. Abb. 33 ist für „normale" Substanzen gezeichnet.

Ob wir eine Substanz in ihrem natürlichen Vorkommen als Feststoff, Flüssigkeit oder Gas bezeichnen, hängt offensichtlich davon ab, in welchem Feld zwischen den Gleichgewichtskurven der Abb. 35 der Umgebungszustand liegt. Ein Tripelpunkt ist ebenso wie ein kritischer Punkt bei allen Substanzen zu erwarten, wenn auch noch nicht überall verwirklicht. Nur Helium hat keinen Tripelpunkt. Tripelpunktsdaten sind zusammen mit kritischen Daten in Tabelle 6 des Anhangs für einige Stoffe wiedergegeben.

Der Tripelpunkt von Wasser läßt sich über längere Zeit genauer verwirklichen als der Eispunkt (vgl. I § 2), da der Tripelpunkt vom äußeren Druck unabhängig ist und sich auf reines (nicht luftgesättigtes) Wasser bezieht. Aus diesem Grunde dient der Tripelpunkt von reinem Wasser heute zur Definition der Temperatureinheit. Die Beziehung zwischen Tripelpunkt und Eispunkt ist in Abb. 36 dargestellt. Der Eispunkt gehört zu dem Mehrstoffsystem luftgesättigtes Wasser. Die Temperaturdifferenz zwischen Tripelpunkt und Eispunkt besteht aus zwei Anteilen. Wegen der Neigung der Schmelzkurve nach links entsteht die Differenz $\Delta T_1 = 7{,}43 \cdot 10^{-3}$ K. Die Gefrierpunktserniedrigung infolge der gelösten Luftgase erzeugt den Anteil $\Delta T_2 = 2{,}4 \cdot 10^{-3}$ K, so daß der heutige Bestwert für die gesamte Differenz $9{,}83 \cdot 10^{-3}$ K beträgt, der zu 0,01 K aufgerundet wird. Damit wird die Kelvin-Temperatur des fiktiven Eispunkts 273,15 K.

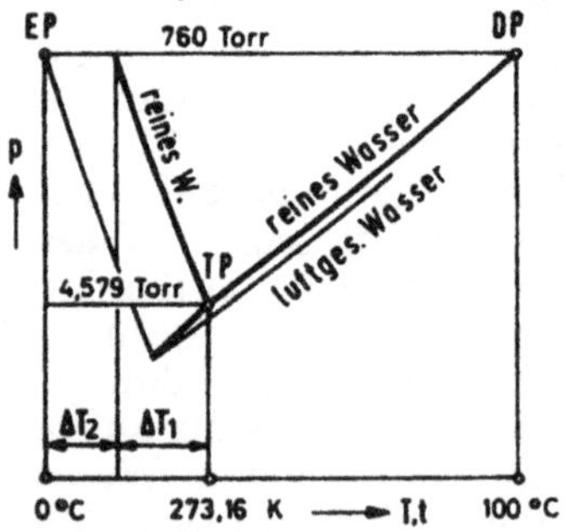

Abb. 36. Tripelpunkt (TP), Eispunkt (EP) und Dampfpunkt (DP) von Wasser (nicht maßstäblich)

Für manche Stoffe existieren verschiedene Modifikationen der festen Phase, die sich durch ihre Kristallstruktur unterscheiden. So kommt Kohlenstoff als Graphit und als Diamant, Schwefel in rhombischer oder monokliner Form vor. Diese Modifikationen müssen als selbständige Phasen angesehen werden, und die Phasenübergänge gehorchen der Clausius-Clapeyron-Gleichung. Es erhebt sich die Frage, ob auch mehr als drei Phasen nebeneinander im Gleichgewicht existieren können. Die Antwort gibt die Phasenregel von Gibbs in der Form

$$F = K + 2 - P \tag{16}$$

Darin bedeuten F die Zahl der Freiheitsgrade, das sind die frei wählbaren intensiven Zustandsgrößen, K die Zahl der Komponenten, das sind die voneinander unabhängigen chemischen Bestandteile des Systems und P die Zahl der Phasen. Für die hier behandelten Einkomponentensysteme ist $K = 1$ und daher

$$F = 3 - P \tag{17}$$

Das einphasige Einkomponentensystem ($P = 1$), das wir auch das einfache System genannt haben, hat zwei Freiheitsgrade, d.h. sein Zustand ist durch die zwei Zustandsgrößen Druck und Temperatur bestimmt. Treten zwei Phasen nebeneinander auf ($P = 2$), so ist $F = 1$. Das bedeutet, daß, wie z.B. auf der Dampfdruckkurve, nur eine Zustandsgröße (Druck oder Temperatur) frei wählbar ist. Sind drei Phasen wie beim Tripelpunkt miteinander im Gleichgewicht, ist $F = 0$, d.h. keine intensive Zustandsgröße ist frei wählbar. Vierfache (Quadrupel-)Punkte existieren für Einkomponentensysteme nicht. Der obenerwähnte Schwefel besitzt drei Tripelpunkte, da er zwei feste Phasen hat.

§ 5 Oberflächenspannung

Zur Vergrößerung einer Phasengrenzfläche ist erfahrungsgemäß Arbeit A aufzuwenden, die der Änderung der Oberfläche O proportional ist. Durch die Gleichung

$$-\,\mathrm{d}A = \sigma\,\mathrm{d}O \tag{18}$$

ist die intensive Zustandsgröße σ definiert, die für die Grenzfläche einer Flüssigkeit gegen ihren eigenen Dampf Oberflächenspannung, im allgemeinen Falle Grenzflächenspannung genannt wird. Wir betrachten ein System mit einer Phasengrenzfläche Flüssigkeit–Dampf bei konstantem Gesamtvolumen, das mit der Umgebung außer Wärme nur Arbeit nach Gl. (18) austauschen kann. Unter diesen Voraussetzungen lautet die Hauptgleichung (IV 21)

$$\mathrm{d}U = T\,\mathrm{d}S + \sigma\,\mathrm{d}O \tag{19}$$

Differenzieren wir diese Gleichung bei konstanter Temperatur nach der Oberfläche O, so erhalten wir

$$\left(\frac{\partial U}{\partial O}\right)_T = T\left(\frac{\partial S}{\partial O}\right)_T + \sigma \tag{20}$$

Durch die Definitionen

$$u_\sigma = (\partial U/\partial O)_T \quad \text{und} \quad s_\sigma = (\partial S/\partial O)_T \tag{21}$$

werden neue bezogene Zustandsgrößen eingeführt, und zwar die Oberflächenenergie u_σ und die Oberflächenentropie s_σ. Das sind die Änderungen der Systemenergie U und -entropie S bei der isothermen Bildung neuer Oberflächen. Mit diesen bezogenen Größen schreibt sich Gl. (20) in der Form

$$\sigma = u_\sigma - T s_\sigma \tag{22}$$

so daß analog zur Definition der freien Energie

$$F = U - T\,S \tag{23}$$

die Oberflächenspannung auch als freie Oberflächenenergie nach der Gleichung $\sigma = (\partial F/\partial O)_T$ aufgefaßt werden kann. Bilden wir unter Benutzung von Gl. (19) das vollständige Differential der freien Energie nach Gl. (23), so erhalten wir

$$\mathrm{d}F = \sigma\,\mathrm{d}O - S\,\mathrm{d}T$$

Durch kreuzweises Differenzieren entsteht eine der dritten Maxwell-Beziehung Gl. (IV 28) analoge Gleichung

$$(\partial\sigma/\partial T)_O = -(\partial S/\partial O)_T = -s_\sigma \tag{26}$$

Setzen wir diesen Ausdruck für s_σ in Gl. (22) ein, so erhalten wir die von Lord Kelvin angegebene Beziehung

$$\sigma = u_\sigma + T\,(\partial\sigma/\partial T)_O \tag{27}$$

die der Gibbs-Helmholtz-Gleichung (IV 66) analog ist. Gl. (27) gestattet die Berechnung der meist nicht direkt meßbaren Oberflächenenergie u_σ aus der Oberflächenspannung σ und ihrer Temperaturabhängigkeit. Da am kritischen Punkt beide Phasen einander gleich sind, muß dort sowohl σ als auch u_σ und damit $\mathrm{d}\sigma/\mathrm{d}T$ Null werden (wir lassen im folgenden den Index O weg und benutzen totale Differentialzeichen). Aus Gl. (27) folgt noch

$$\frac{\mathrm{d}u_\sigma}{\mathrm{d}T} = -T\,\frac{\mathrm{d}^2\sigma}{\mathrm{d}T^2} \tag{28}$$

Am absoluten Nullpunkt kann nach dem Nernstschen Wärmesatz die Entropie nicht durch eine isotherme Oberflächenänderung nach Gl. (26) verändert werden. Deshalb ist dort $\mathrm{d}\sigma/\mathrm{d}T = 0$, was für Helium experimentell bestätigt ist. Außerdem ist für $T = 0$ auch $\sigma = u_\sigma$ nach Gl. (27) und $\mathrm{d}u_\sigma/\mathrm{d}T = 0$ nach Gl. (28), d. h. σ und u_σ haben dort den gleichen Wert und eine gemeinsame waagerechte Tangente.

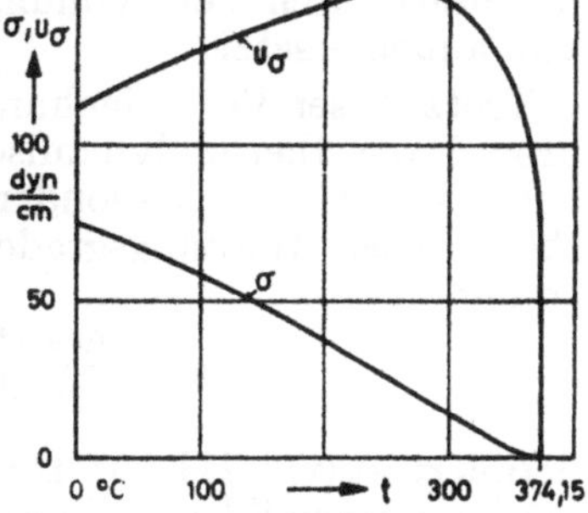

Abb. 37. Oberflächenspannung σ und Oberflächenenergie u_σ von Wasser als Funktion der Temperatur

In Abb. 37 ist die Oberflächenspannung σ und die Oberflächenenergie u_σ für Wasser als Funktion der Temperatur in der Einheit dyn/cm = erg/cm² dargestellt. Bei niedrigen Temperaturen besteht zwischen der Oberflächenspannung der Flüssigkeit gegen Dampf und der Grenzflächenspannung gegen dampfgesättigte Luft kein meßbarer Unterschied.

VI Kreisprozesse mit idealen Gasen

Die in diesem Abschnitt behandelten reversiblen Kreisprozesse mit idealen Gasen sind Vergleichsprozesse für wirkliche, mit Gasen arbeitende Wärmekraft- und -arbeitsmaschinen. Zur einfachen thermodynamischen Behandlung werden die Vorgänge in den wirklichen Maschinen idealisiert.

Offene Prozesse können als geschlossene Prozesse behandelt werden, wobei der Ladungswechsel durch Wärmeabgabe nach außen nachgeahmt wird. Das setzt annähernd gleiches thermodynamisches Verhalten der Abgase und der Frischgase voraus, eine Bedingung, die wegen des meist großen Luftüberschusses bei der Verbrennung mit guter Näherung erfüllt ist. So kann man mit einem einheitlichen Arbeitsmedium rechnen, das außerdem als ideales Gas mit konstanter Wärmekapazität betrachtet wird. Die Energieerhöhung des Arbeitsmediums durch Verbrennung wird durch Wärmezufuhr von außen ersetzt.

Trotz dieser Vereinfachungen erlaubt der Vergleichsprozeß die thermodynamische Beurteilung des wirklichen Prozesses, insbesondere durch die Berechnung des thermischen Wirkungsgrades η_{th}, der durch die Gleichung

$$\eta_{\text{th}} = \frac{\text{geleistete Arbeit}}{\text{zugeführte Wärme}}$$

definiert ist (vgl. III § 6). Die wirkliche Maschine erreicht infolge irreversibler Teilvorgänge nie den Wert η_{th} des Vergleichsprozesses. Allerdings ist, wie in § 4 näher ausgeführt wird, der thermische Wirkungsgrad nicht der einzige Maßstab für die praktische Brauchbarkeit eines Vergleichsprozesses.

§ 1 Otto- und Diesel-Prozeß

Die beiden wichtigsten Verfahren für Verbrennungsmotoren sind der Otto- und der Diesel-Prozeß. Ihre grundsätzliche Wirkungsweise geht aus den Vergleichsprozessen hervor. Beim Otto-Verfahren (Abb. 38) wird ein im Vergaser hergestelltes Brennstoff-Luft-Gemisch angesaugt und isentrop verdichtet (1 — 2). Die im Punkt 2 durch eine Zündkerze eingeleitete Verbrennung soll so schnell ablaufen, daß der Kolben sich nicht merklich bewegt. Unter dieser Annahme kann die Verbrennung durch eine isochore Wärmezufuhr ersetzt werden (2 — 3). Während der isentropen Entspannung (3 — 4) wird Arbeit abgegeben. Im Punkt 4 öffnet das Auslaßventil. Der Druckabfall 4 — 1 soll wieder isochor vor sich gehen, so daß der Gaswechsel durch isochore Wärmeabfuhr ersetzt wird. Beim wirklichen Motor wird beim Viertaktverfahren ein weiterer Hin- und Rückgang des Kolbens für den Gaswechsel gebraucht.

Die auf das Massenelement des Arbeitsmediums bezogene zugeführte Wärme (2 — 3) läßt sich nach Gl. (III 29) in der Form

$$q_{zu} = c_v (T_3 - T_2)$$

schreiben. Die geleistete Arbeit a ist die Differenz zwischen der Expansionsarbeit (Fläche 3 4 a b) und der Kompressionsarbeit (Fläche 1 2 b a). Nach Gl. (III 37a) wird

$$a = c_v [(T_3 - T_4) - (T_2 - T_1)]$$

Damit erhält man unter Benutzung von Gl. (III 36) einen thermischen Wirkungsgrad

$$\eta_{th} = \frac{a}{q_{zu}} = 1 - \frac{T_4 - T_1}{T_3 - T_2} = 1 - \left(\frac{1}{\varepsilon}\right)^{\varkappa - 1} \tag{1}$$

mit dem Kompressionsverhältnis $\varepsilon = v_1/v_2$. Der Wirkungsgrad steigt also mit steigender Verdichtung des Brennstoff-Luft-Gemisches. Eine obere Grenze für ε ist die Selbstzündung des Gemisches und das sogenannte Klopfen, das durch detonative Verbrennung zustande kommt. Für $\varepsilon = 7{,}5$ wird $p_2/p_1 = 16{,}8$ bei $\varkappa = 1{,}4$ und $\eta_{th} = 55{,}4\,\%$.

Beim Diesel-Verfahren (Abb. 39) wird reine Luft angesaugt und isentrop verdichtet (1 — 2). Im Punkt 2 wird flüssiger Brennstoff durch eine Düse eingespritzt, der sich an der hochverdichteten Luft von selbst entzündet. Durch Steuerung des Einspritzvorgangs kann erreicht werden, daß während der Verbrennung der Druck annähernd konstant bleibt. Unter dieser Voraussetzung kann die Verbrennung durch eine isobare Wärmezufuhr ersetzt werden (2 — 3). Expansion (3 — 4) und Gaswechsel (4 — 1) entsprechen dem Otto-Verfahren. Die zugeführte Wärme q_{zu} ist

$$q_{zu} = c_p\,(T_3 - T_2)$$

während sich die geleistete Arbeit als Differenz der zugeführten zur abgeführten Wärme ergibt:

$$a = q_{zu} - q_{ab} = c_p\,(T_3 - T_2) - c_v\,(T_4 - T_1)$$

Damit erhält man für den thermischen Wirkungsgrad

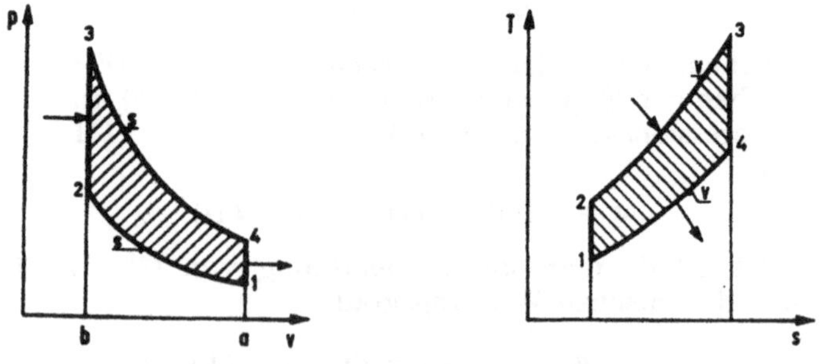

Abb. 38. Otto-Vergleichsprozeß im p, v- und T, s-Diagramm. Die Pfeile zeigen Wärmezu- und -abfuhr an

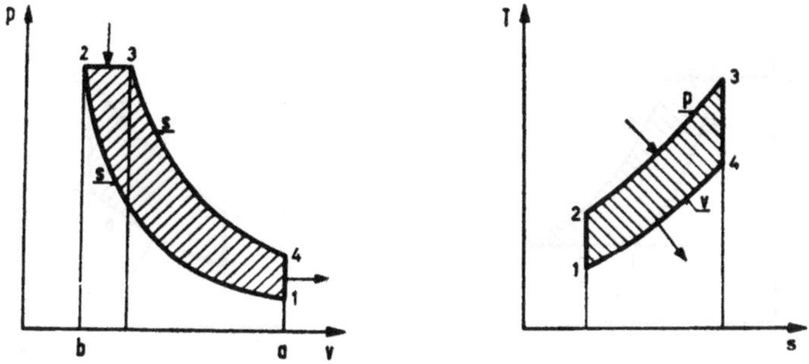

Abb. 39. Diesel-Vergleichsprozeß im p, v- und T, s-Diagramm. Die Pfeile zeigen Wärmezu- und -abfuhr an

$$\eta_{th} = \frac{q_{zu} - q_{ab}}{q_{zu}} = 1 - \frac{c_v}{c_p} \frac{(T_4 - T_1)}{(T_3 - T_2)}$$

Führen wir außer dem Kompressionsverhältnis $\varepsilon = v_1/v_2$ noch das Einspritzverhältnis $\varphi = v_3/v_2$ als Maß für die Belastung der Maschine ein, so erhalten wir für den thermischen Wirkungsgrad

$$\eta_{th} = 1 - \frac{1}{\varkappa\, \varepsilon^{\varkappa - 1}} \frac{\varphi^{\varkappa} - 1}{\varphi - 1} \qquad (2)$$

Beim Diesel-Verfahren muß die angesaugte Luft höher als beim Otto-Verfahren verdichtet werden, damit im Punkt 2 der Abb. 39 die Zündtemperatur zuverlässig erreicht ist.

§ 2 Joule-Prozeß

Der Joule-Prozeß ist der Vergleichsprozeß der Gasturbinen-Anlage und des Strahltriebwerks. Seine Kennzeichen sind isobare Wärmezu- und -abfuhr und isentrope Verdichtung und Entspannung. Wie man aus Abb. 40 unmittelbar ablesen kann, wird

$$q_{zu} = c_p (T_3 - T_2)$$

und

$$a = q_{zu} - q_{ab} = c_p [(T_3 - T_2) - (T_4 - T_1)]$$

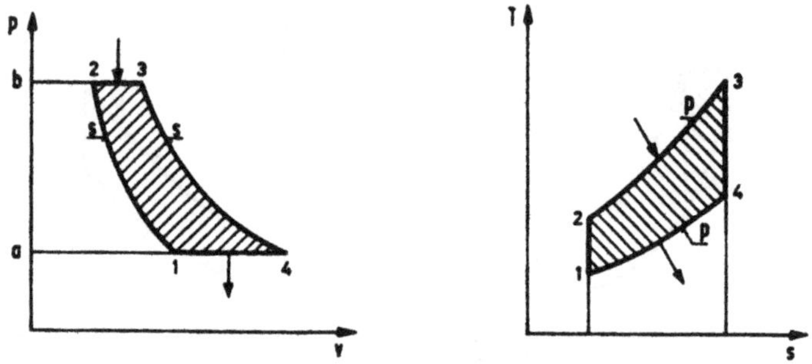

Abb. 40. Joule-Prozeß im p, v- und T, s-Diagramm. Die Pfeile zeigen Wärmezu- und -abfuhr an

Da die Temperaturen T_1 und T_2 sowie T_3 und T_4 auf je einer Isentropen zwischen den gleichen Druckgrenzen liegen, besteht nach Gl. (III 37) die Proportion

$$\psi = \frac{p_2}{p_1} = \left(\frac{T_2}{T_1}\right)^{\frac{\varkappa}{\varkappa - 1}} = \left(\frac{T_3}{T_4}\right)^{\frac{\varkappa}{\varkappa - 1}}$$

mit ψ als dem Druckverhältnis. Damit wird der thermische Wirkungsgrad

$$\eta_{th} = \frac{a}{q_{zu}} = 1 - \frac{T_4 - T_1}{T_3 - T_2} = 1 - \frac{T_1}{T_2} = 1 - \left(\frac{1}{\psi}\right)^{\frac{\varkappa - 1}{\varkappa}} \tag{3}$$

Eine praktische Verwirklichung des Joule-Prozesses ist die offene Gasturbinenanlage nach Abb. 41. Die im Zustand 1 angesaugte Frischluft wird im Verdichter V isentrop auf den Zustand 2 verdichtet. In der Brennkammer B wird fester, flüssiger oder gasförmiger Brenn-

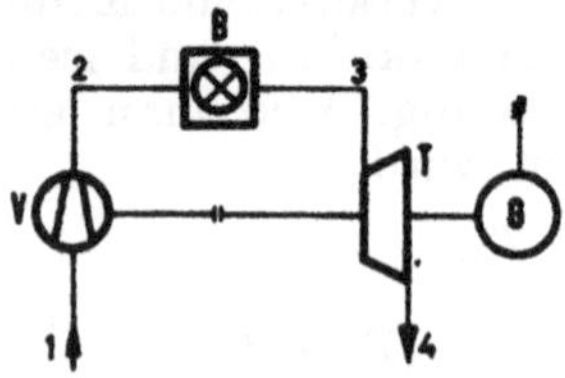

Abb. 41. Offene Gasturbinen-Anlage

stoff isobar verbrannt, was im Vergleichsprozeß der isobaren Wärmezufuhr 2 — 3 (Abb. 40) entspricht. Die Gasturbine T entspannt unter Arbeitsleistung das Gas auf den Zustand 4. Die isobare Wärmeabfuhr 4 — 1 entspricht dem Gaswechsel. Die Turbine leistet die technische Arbeit $a_t = \int_3^4 v\,\mathrm{d}p$ entsprechend der Fläche 3 4 *a b* in Abb. 40. Hiervon wird die Arbeitsfläche 1 2 *b a* zum Antrieb des Verdichters verbraucht, der Rest ist die an den elektrischen Generator G abgegebene Nutzarbeit (Fläche 1 2 3 4).

Die in Abb. 41 dargestellte Gasturbinenanlage ist zwar einfach im Aufbau, arbeitet aber mit einem verhältnismäßig hohen Abwärmeverlust, der Enthalpiedifferenz zwischen Abgas und Frischgas $c_p\,(T_4 - T_1)$. Dieser läßt sich durch Einbau eines Wärmeaustauschers W verkleinern, der eine Vorheizung der verdichteten Frischluft durch die entspannten Abgase ermöglicht (Abb. 42). Diese innere Wärmeübertragung verkleinert die zugeführte Wärme auf den Betrag $c_p\,(T_3 - T_4)$ nach Abb. 43 und die abgeführte Wärme auf den Betrag $c_p\,(T_2 - T_1)$, während die Wärme $c_p\,(T_4 - T_2)$ im Wärmeaustauscher übertragen wird. Der thermische Wirkungsgrad wird jetzt

$$\eta_{th} = 1 - \frac{q_{ab}}{q_{zu}} = 1 - \frac{T_2 - T_1}{T_3 - T_4} = 1 - \frac{T_2}{T_3} \qquad (4)$$

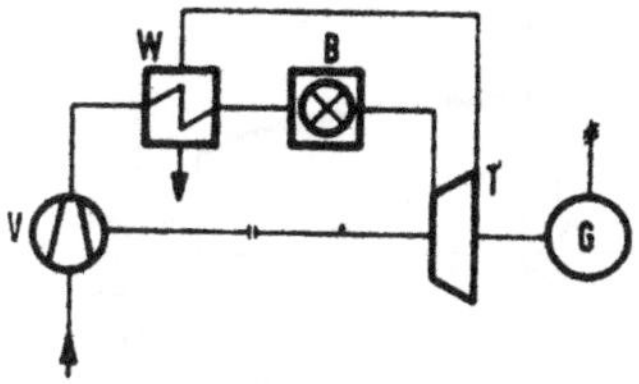

Abb. 42. Offene Gasturbinen-Anlage mit Wärmeaustauscher

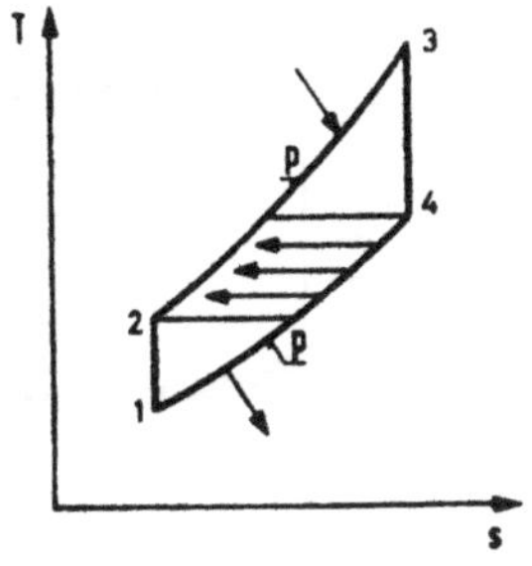

Abb. 43. Joule-Prozeß mit Wärmeaustausch im *T*, *s*-Diagramm

Wir betrachten folgendes Zahlenbeispiel, das etwa einem Verdichtungsverhältnis $p_2/p_1 = 6$ bei $\varkappa = 1{,}4$ entspricht: $T_1 = 300$ K; $T_2 = 500$ K; $T_3 = 1200$ K; $T_4 = 720$ K. Damit erhalten wir folgende thermische Wirkungsgrade:

Joule-Prozeß ohne Wärmeaustauscher:

$$\eta_{th} = 1 - \frac{T_1}{T_2} = 0{,}4$$

Joule-Prozeß mit Wärmeaustauscher:

$$\eta_{th} = 1 - \frac{T_2}{T_3} = 0{,}58$$

Carnot-Prozeß zwischen T_3 und T_1:

$$\eta_{th} = 1 - \frac{T_1}{T_3} = 0{,}75$$

Eine weitere Anwendung des Joule-Prozesses ist das in Abb. 44 dargestellte Strahltriebwerk für Flugzeuge, dessen T, s-Diagramm Abb. 45 zeigt. Umgebungsluft vom Zustand 1 wird durch den Diffusor D isentrop auf den Zustand 2 und durch den Verdichter V auf den Zustand 3 verdichtet. In der Brennkammer B wird isobar Wärme zugeführt (3 — 4). In der Turbine T wird das Gas isentrop auf den Zustand 5 und in der Austrittsdüse Dü auf den Zustand 6 entspannt. Die Turbinenarbeit reicht gerade zum Antrieb des Verdichters aus,

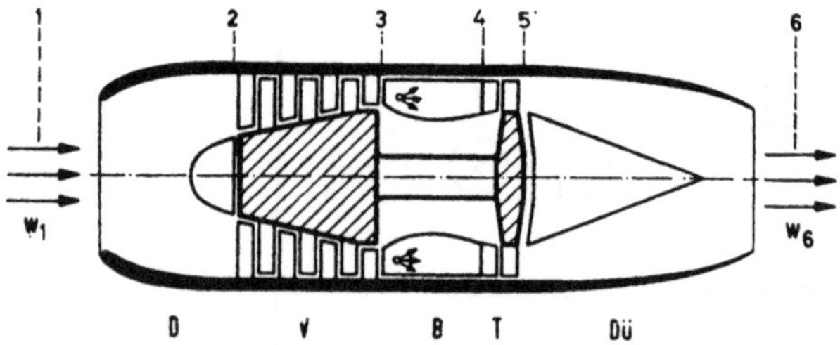

Abb. 44. Strahltriebwerk

während die Nutzarbeit in der Erhöhung der kinetischen Energie des austretenden Strahls gegenüber der des eintretenden besteht. Da das Strahltriebwerk ein offenes stationäres System ist, gelten die Gln. (II 15) bis (II 17) mit Vernachlässigung der potentiellen Energie. Werden im Inneren des Strahltriebwerks (von 2 bis 5) auch die Änderungen der kinetischen Energie vernachlässigt, so können wir aus Abb. 45 folgende Arbeitsbeträge, bezogen auf das Massenelement des Durchsatzes, ablesen:

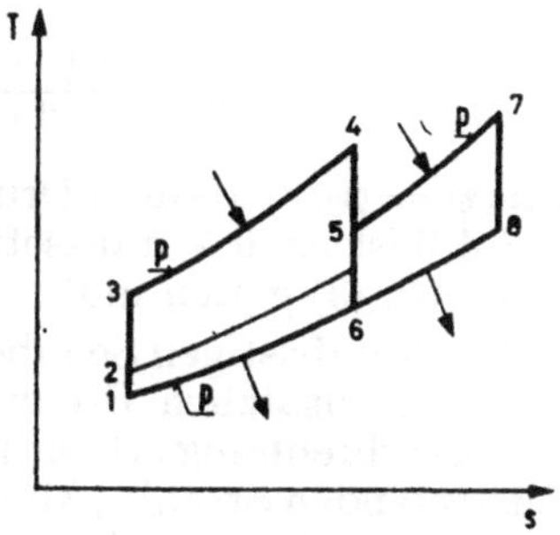

Abb. 45. Joule-Prozeß für das Strahltriebwerk im T,s-Diagramm

kinetische Energie der eintretenden Luft

$$w_1^2/2 = h_2 - h_1 = c_p (T_2 - T_1)$$

Verdichterarbeit

$$h_3 - h_2 = c_p (T_3 - T_2)$$

zugeführte Wärme

$$q_{zu} = h_4 - h_3 = c_p (T_4 - T_3)$$

Turbinenarbeit

$$h_4 - h_5 = c_p (T_4 - T_5) = c_p (T_3 - T_2)$$

kinetische Energie der austretenden Luft

$$w_6^2/2 = h_5 - h_6 = c_p (T_5 - T_6)$$

Der thermische Wirkungsgrad η_{th}, der hier auch innerer Wirkungsgrad η_i genannt wird, ist der Quotient

$$\eta_{th} = \eta_i = \frac{h_4 - h_6 - (h_3 - h_1)}{h_4 - h_3}$$

Da Turbinen- und Verdichterarbeit einander gleich sind, kann man dafür auch schreiben

$$\eta_{\text{th}} = \eta_{\text{i}} = \frac{(w_6^2 - w_1^2)/2\,c_p}{T_4 - T_3} = 1 - \left(\frac{1}{\psi}\right)^{\frac{\varkappa - 1}{\varkappa}} \tag{5}$$

mit $\psi = p_3/p_1$ als dem Druckverhältnis, denn der Prozeß 1 3 4 6 ist nach Voraussetzung ein Joule-Prozeß, so daß auch Gl. (3) gelten muß.

Zur kurzfristigen Schuberhöhung kann man hinter der Turbine zusätzlich Brennstoff einspritzen. Durch diese Nachverbrennung erhöht man die kinetische Energie des austretenden Strahls (Abb. 45) auf $h_7 - h_8 = c_p(T_7 - T_8)$ gegenüber dem Wert $h_5 - h_6$. Hierbei können verhältnismäßig hohe Temperaturen angewandt werden, da die Flammengase nicht mehr die Turbine treffen. Wegen des kleinen Druckverhältnisses ist der Wirkungsgrad dieser Maßnahme gering.

Läßt man beim Strahltriebwerk Verdichter und Turbine weg, so erhält man das Staustrahltriebwerk, das nur aus Diffusor, Brennkammer und Düse besteht. Das durchtretende Gas macht ebenfalls einen Joule-Prozeß durch, wenn auch bei geringerem Druckverhältnis als beim Strahltriebwerk. Der austretende Strahl hat eine höhere Geschwindigkeit als der eintretende, so daß ein Vortrieb entsteht. Selbstverständlich muß ein Staustrahltriebwerk durch fremde Hilfe (Flugzeug, Rakete) gestartet werden, ehe es Schub erzeugt. Auch alle übrigen Wärmekraftmaschinen müssen mit fremder Energiequelle angelassen werden, sofern die Verdichterarbeit dem Prozeß selbst entnommen wird.

§ 3 Ericsson- und Stirling-Prozeß

Ersetzt man im Joule-Prozeß die isentrope Verdichtung und Entspannung durch isotherme Zustandsänderungen, so erhält man einen von Ericsson ursprünglich für Heißluftmotoren vorgeschlagenen Vergleichsprozeß, dessen p, v- und T, s-Diagramme in Abb. 46 dargestellt sind. Da die Isobaren des idealen Gases im T, s-Diagramm

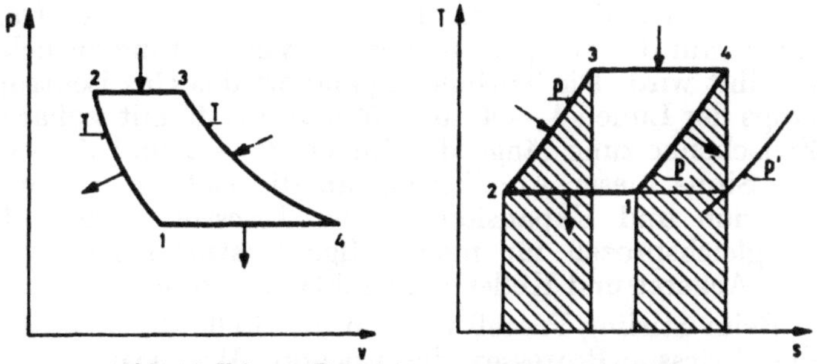

Abb. 46. Ericsson-Prozeß im p, v- und T, s-Diagramm

in Richtung der Entropieachse verschobene logarithmische Kurven sind, erkennt man auch ohne Rechnung, daß die schraffierten Flächen im T, s-Diagramm einander gleich sind, und daß daher der Ericsson-Prozeß den thermischen Wirkungsgrad des Carnot-Prozesses hat, wenn auch der innere Wärmeaustausch reversibel verläuft. Er beansprucht für die gleiche Arbeitsfläche aber einen geringeren Druckbereich, da $p' < p_1$ der Enddruck der isentropen Expansion des Carnot-Prozesses vom Punkt 4 aus wäre.

Isotherme Kompression und Expansion würden gesteuerte Kühlung des Verdichters und Heizung der Turbine bedeuten, die praktisch nicht durchführbar sind. Man kommt der isothermen Zustandsänderung durch mehrstufige Verdichtung mit Zwischenkühlung und mehrstufige Expansion mit Zwischenheizung näher, wie es im T, s-Diagramm (Abb. 47) für je drei Stufen dargestellt ist. Die Linien $1 - 1'$, $2 - 2'$ und $3 - 3'$ bedeuten isentrope Verdichtung in drei Stufen, zwischen

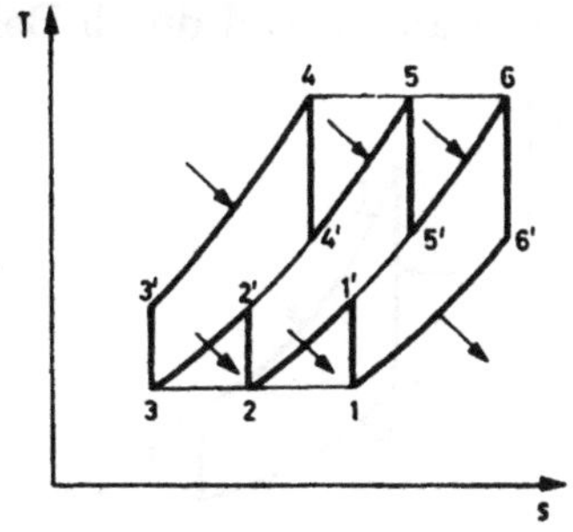

Abb. 47. T, s-Diagramm einer Gasturbinen-Anlage mit je dreistufiger Kompression und Expansion

denen längs der Linien 1′ — 2 und 2′ — 3 das Gas isobar auf die Temperatur vor der Verdichtung zurückgekühlt wird. Die Turbine expandiert das Gas isentrop längs der Linien 4 — 4′, 5 — 5′ und 6 — 6′ mit isobarer Zwischenheizung längs der Linien 4′ — 5 und 5′ — 6. Im Sinne dieser Annäherung an die isotherme Kompression und Expansion ist der Ericsson-Prozeß als Vergleichsprozeß für mehrstufige Gasturbinenanlagen von Ackeret und Keller vorgeschlagen worden.

Beim Stirling-Prozeß tritt an die Stelle der Isobaren des Ericsson-Prozesses die isochore Wärmeaufnahme und -abgabe, d. h. er verläuft zwischen zwei Isothermen und zwei Isochoren (Abb. 48). Da auch die Isochoren des idealen Gases (wie die Isobaren) längs der Entropieachse verschobene logarithmische Linien sind, ist der Wirkungsgrad des Stirling-Prozesses gleich dem des Carnot-Prozesses. Der Stirling-Prozeß war ursprünglich der Idealprozeß für die alten „Feuerluftmaschinen“, die heute keine praktische Bedeutung mehr haben. Er verdient aber Interesse als Vergleichsprozeß für die Philips-Gaskältemaschine, eine Kolbenmaschine mit gasförmigem Arbeitsmedium (Wasserstoff oder Helium), das einen geschlossenen linksläufigen Kreisprozeß durchmacht. Die isotherme Wärmeaufnahme oder -abgabe wird annähernd durch Beheizung oder Kühlung zweier

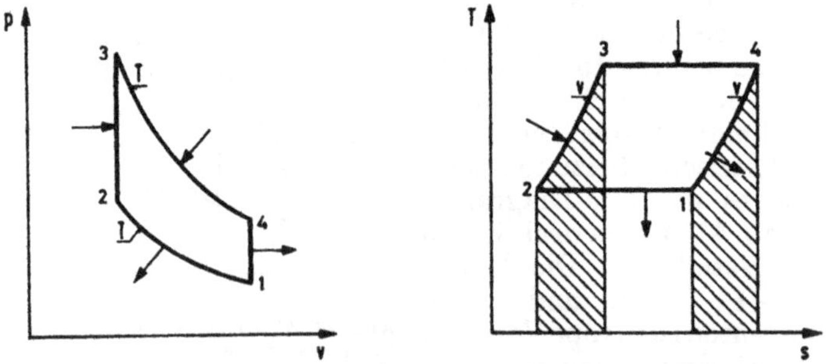

Abb. 48. Stirling-Prozeß im p, v- und T, s-Diagramm

Zylinder verwirklicht. Da die beiden Kurbeln um etwa 90° gegeneinander versetzt sind, kommt beim Überschieben des Gases von einem zum anderen Zylinder eine annähernd isochore Zustandsänderung zustande. Hierbei gibt das verdichtete Gas Wärme an eine Speichermasse (Regenerator, bestehend aus Drahtspiralen) ab und kühlt sich dadurch ab, während das entspannte Gas auf dem Rückweg Wärme aus dem Regenerator aufnimmt. Auf diese Weise kommt ein innerer Wärmeaustausch zwischen den beiden Isochoren zustande.

§ 4 Vergleich der Kreisprozesse

Der thermische Wirkungsgrad eines Vergleichsprozesses ist ein wichtiger Maßstab für seine Brauchbarkeit, aber nicht der einzige. Es muß auch möglich sein, innerhalb als zulässig angesehener Grenzen von Druck und Temperatur eine möglichst große Arbeit je Massenelement des Arbeitsmediums zu gewinnen. Daher ist auch die vom Kreisprozeß umschlossene Fläche für einen Vergleich geeignet.

Wegen der einfachen Zustandsgleichung des idealen Gases läßt sich dieser Vergleich analytisch durchführen, anschaulicher ist ein qualitativer Vergleich der Arbeitsflächen im T, s-Diagramm.

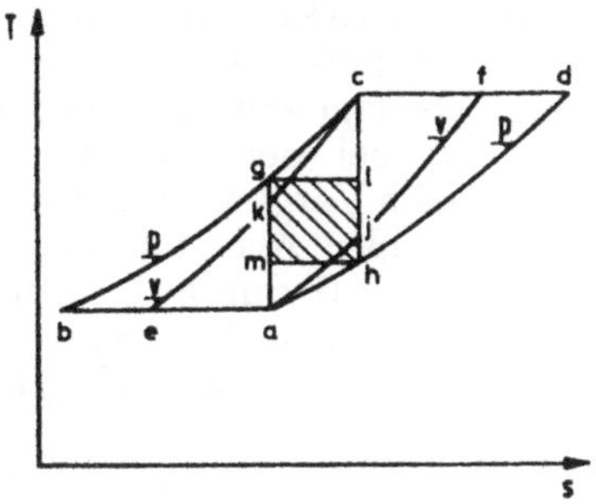

Abb. 49. Arbeitsflächen der sechs Kreisprozesse im T, s-Diagramm

In Abb. 49 begrenzen zwei Isothermen und zwei Isobaren den Bereich, innerhalb dessen alle sechs Kreisprozesse liegen. Die Kompression beginnt (wenn möglich) im Punkt a, der etwa dem Umgebungszustand entsprechen möge. Die sechs Kreisprozesse sind in der Reihenfolge ihrer Arbeitsflächen in der nachfolgenden Tabelle aufgeführt, in die auch die Folge der Zustandsänderungen (gekennzeichnet durch die konstant gehaltene Größe) und die Eckpunkte nach Abb. 49 aufgenommen sind.

Ericsson	T	p	T	p	a	b	c	d
Stirling	T	v	T	v	a	e	c	f
Joule	s	p	s	p	a	g	c	h
Diesel	s	p	s	v	a	g	c	j
Otto	s	v	s	v	a	k	c	j
Carnot	s	T	s	T	m	g	l	h

Während die ersten fünf Kreisprozesse den gegebenen Druck- und Temperaturbereich ausnutzen, ist das beim Carnot-Prozeß nicht der Fall. In Abb. 49 ist jener Carnot-Prozeß eingezeichnet, der dieselbe Entropiedifferenz wie der Joule-Prozeß besitzt. Dieser graphische Vergleich läßt sich auch im p, v-Diagramm durchführen. Man kann statt der Druckgrenzen auch Volumengrenzen vorgeben und erhält dann eine andere Reihenfolge der Kreisprozesse.

In jedem Fall schneidet der Carnot-Prozeß am schlechtesten ab, so daß er als Vergleichsprozeß für eine Wärmekraftmaschine wenig geeignet ist. Auch aus einem anderen Grunde kommt der Carnot-Prozeß für die praktische Verwirklichung nicht in Frage. Die Nutzarbeit einer Wärmekraftmaschine ist die Differenz zwischen dem Arbeitsgewinn bei der Expansion und dem Arbeitsaufwand bei der Kompression. Ist diese Nutzarbeit schon beim Vergleichsprozeß die Differenz zweier nahezu gleich großer Arbeitsbeträge, so kann sie beim wirklichen Prozeß durch Irreversibilitäten fast völlig aufgezehrt werden. Das wäre bei einer Carnot-Maschine der Fall, da sich nach III § 6 die beiden Arbeiten längs der Isentropen aufheben und nur die Differenz der beiden Arbeiten längs der Isothermen übrig bleibt. Eine Carnot-Maschine würde kaum ihre eigene Reibungsarbeit decken können. Diese Feststellungen beeinträchtigen nicht die grundsätzliche Bedeutung des Carnot-Prozesses und seines Wirkungsgrades für die Thermodynamik.

Es sei erwähnt, daß auch die Gasturbinen-Prozesse und das Strahltriebwerk erst verwirklicht werden konnten, nachdem es gelungen war, die Wirkungsgrade der Turbomaschinen zu verbessern. Die Beurteilung eines Verfahrens hängt daher auch vom Stand der Technik ab.

§ 5 Verdichten von Gas

In diesem Abschnitt wird das Verdichten von Gas in einem Kolbenverdichter behandelt, dessen Vergleichsprozeß im p, v-Diagramm in Abb. 50 dargestellt ist. Im Punkt 1 befindet sich der Kolben in seinem äußeren Totpunkt und der Zylinder ist mit Gas vom Ansaugzustand (Druck p_1) gefüllt. Nach der Verdichtung (1 — 2) öffnet im Punkt 2 das Auslaßventil und das verdichtete Gas wird bei konstantem Druck p_2 in die Druckleitung geschoben (2 — 3). Wegen der Ventileinbauten kann der innere Totpunkt des Kolbens nicht am Zylinderdeckel liegen, so daß ein Restvolumen V_3, schädlicher Raum genannt, übrig bleibt, aus dem beim Rückgang des Kolbens das Gas längs der Linie 3 — 4 in den Zylinder expandiert. Das Auslaßventil schließt beim Punkt 3 und das Ansaugventil öffnet beim Punkt 4, so daß längs der Linie 4 — 1 neues Gas angesaugt wird. Bei Beginn der Verdichtung im Punkt 1 schließt das Ansaugventil.

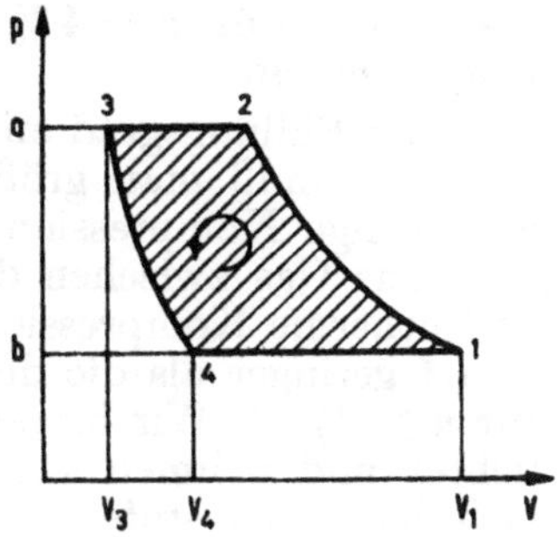

Abb. 50. p, v-Diagramm des einstufigen Kolbenverdichters

Der Kolbenverdichter ist ein offenes System, dessen Arbeitsfläche als Differenz der Flächen 1 2 *a b* und 4 3 *a b* berechnet werden kann. Nimmt man für die Kompression (1 — 2) und für die Rückexpansion (3 — 4) polytrope Zustandsänderungen (vgl. III § 5) nach der Gleichung pV^n = const mit konstantem Exponenten n an, so erhält man für die aufzuwendende Arbeit

$$-A = \frac{n}{n-1} p_1 (V_1 - V_4) \left[\left(\frac{p_2}{p_1}\right)^{\frac{n-1}{n}} - 1\right] \quad (6)$$

Der schädliche Raum V_3 verkleinert das Ansaugvolumen gegenüber dem Hubvolumen $V_1 - V_3$ auf den Wert $V_1 - V_4$. Bezeichnen wir das Verhältnis des schädlichen Raumes zum Hubvolumen mit $\varepsilon = V_3/(V_1 - V_3)$ und das Verhältnis des Ansaugvolumens zum Hubvolumen mit Füllungsgrad $\mu = (V_1 - V_4)/(V_1 - V_3)$, so erhalten wir aus der Polytropengleichung die Beziehung

$$\mu = 1 - \varepsilon \left[\left(\frac{p_2}{p_1}\right)^{\frac{1}{n}} - 1\right] \quad (7)$$

Für das Druckverhältnis $p_2/p_1 = (1 + 1/\varepsilon)^n$ wird der Füllungsgrad Null, d. h. Kompressions- und Expansionslinie fallen zusammen, und der Kompressor fördert kein Gas mehr. Für $\varepsilon = 4\,\%$ und $n = 1{,}3$ tritt das für $p_2/p_1 = 69$ ein.

Da der Füllungsgrad mit steigendem Druckverhältnis abnimmt, muß man größere Druckverhältnisse durch mehrstufige Kompression überwinden, wobei es naheliegt, das Gas zwischen den Stufen zu kühlen, um so die isotherme Kompression anzunähern, deren Arbeitsbedarf geringer als die der isentropen oder polytropen (für $n > 1$) ist. Wir betrachten einen zweistufigen Verdichter und nehmen an, daß durch Zwischenkühlung nach der ersten Stufe wieder die Anfangstemperatur T_1 erreicht wird. Der Arbeitsaufwand beider Stufen ist dann bei polytroper Kompression

$$-A = \frac{n}{n-1}\, m\, R\, T_1 \left[\left(\frac{p_x}{p_1}\right)^{\frac{n-1}{n}} + \left(\frac{p_2}{p_x}\right)^{\frac{n-1}{n}} - 2\right] \tag{8}$$

mit p_1 und p_2 als Anfangs- und Enddruck der zweistufigen Kompression und p_x als dem zunächst unbekannten Druck zwischen den Stufen. Den günstigsten Wert von p_x erhält man, indem man den Ausdruck in der eckigen Klammer von Gl. (8) nach p_x differenziert und das Ergebnis gleich Null setzt. Daraus entsteht die Proportion

$$p_x/p_1 = p_2/p_x \tag{9}$$

d. h. die Druckverhältnisse beider Stufen müssen gleich sein. Diese Regel gilt auch für mehr als zwei Stufen.

VII Kreisprozesse mit Dämpfen

Unter Kreisprozessen mit Dämpfen seien in der Regel solche verstanden, bei denen das Arbeitsmittel durch Verdampfen und Kondensieren einen zweifachen Phasenwechsel durchmacht. Der Dampfkraftprozeß hat gegenüber dem Prozeß mit Gasen den grundsätzlichen Vorteil, daß die Verdichtung in der flüssigen Phase erfolgen kann. Wegen der geringen Kompressibilität der Flüssigkeiten gegenüber den Gasen ist dabei die Verdichtungsarbeit klein, so daß die Speisepumpenarbeit gegenüber der Arbeit der Turbine oft vernachlässigt werden kann.

Da Verdampfung und Kondensation isotherm-isobare Zustandsänderungen sind, liegt es nahe, wenigstens für den Dampfkraftprozeß den Carnot-Prozeß zu verwirklichen, etwa gemäß dem in Abb. 51 dargestellten Schema. Nasser Dampf vom Zustand 1 wird isentrop bis zur Grenzkurve (Punkt 2) verdichtet. Im Kessel wird isotherm-isobar längs der Linie 2 — 3 verdampft und anschließend in einer Turbine oder Kolbenmaschine isentrop auf den Zustand 4 entspannt. In einem Kondensator wird durch isotherm-isobare Wärmeabfuhr wieder

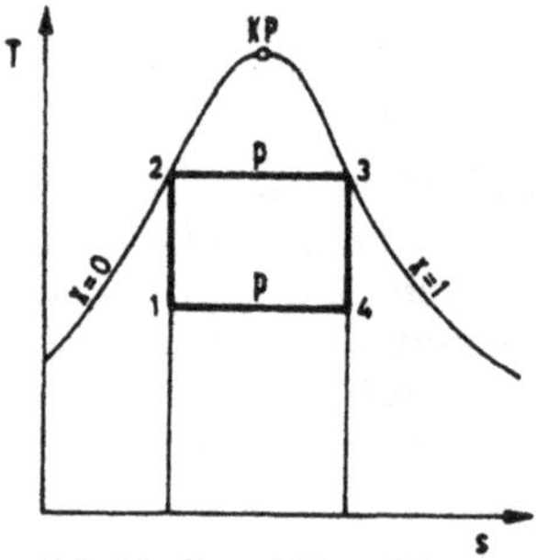

Abb. 51. Carnot-Prozeß im Naßdampfgebiet

der Zustand 1 erreicht. Auch ein solcher Carnot-Prozeß ist praktisch nicht durchführbar. Abgesehen davon, daß der obenerwähnte Vorteil der Verdichtung reiner Flüssigkeit nicht ausgenutzt würde, ist weder die Verdichtung nassen Dampfes zu Flüssigkeit noch die Entspannung von Sattdampf bis zu verhältnismäßig niedrigen Dampfgehalten ohne Schädigung der Maschinen möglich. Man verzichtet daher auch im Dampfkraftwerk auf den Carnot-Prozeß und legt einen anderen Kreisprozeß zugrunde, der durch Kondensation bis zur linken Grenzkurve und isobare Überhitzung gekennzeichnet ist. Dieser Prozeß wird im folgenden Abschnitt behandelt. Das Arbeitsmedium für das Dampfkraftwerk ist heute fast ausschließlich Wasser. Zustandsgrößen für gesättigten Wasserdampf sind in Tabelle 7 des Anhangs zusammengestellt.

§ 1 Clausius-Rankine-Prozeß

Der klassische Vergleichsprozeß für das Dampfkraftwerk ist ein von Clausius und Rankine vorgeschlagener Prozeß, der in Abb. 52 im T, s-Diagramm und in Abb. 53 in schematischer Anordnung dargestellt ist. Flüssiges Wasser im Zustand 1 wird durch die Speisepumpe SP isentrop vom Kondensatordruck p_1 auf den Kesseldruck p_2 verdichtet. Im Vorwärmer V wird das verdichtete Wasser isobar auf den Sättigungszustand 3 gebracht, wozu ihm die Wärme a 2 3 b, auch Flüssigkeitswärme genannt, zugeführt wird. Im Kessel Ke wird das Wasser verdampft und nimmt dabei die Verdampfungswärme b 3 4 c auf, die gleich der Verdampfungsenthalpie beim Sättigungsdruck p_2 ist. Im Überhitzer Ü wird der Dampf längs der Isobaren p_2 bis zur Temperatur T_5 überhitzt, wobei er die Überhitzungswärme $c\,4\,5\,d$ aufnimmt, und anschließend in der Turbine T auf den Kondensatordruck p_1 (Zustand 6) isentrop entspannt. Im Kondensator Ko wird der Dampf unter Entzug der Wärme $d\,6\,1\,a$ beim Druck p_1 verflüssigt. Vorwärmer V (früher Economiser genannt) und Überhitzer Ü sind meist Teile der Kesselanlage. G ist der von der Turbine angetriebene elektrische Generator.

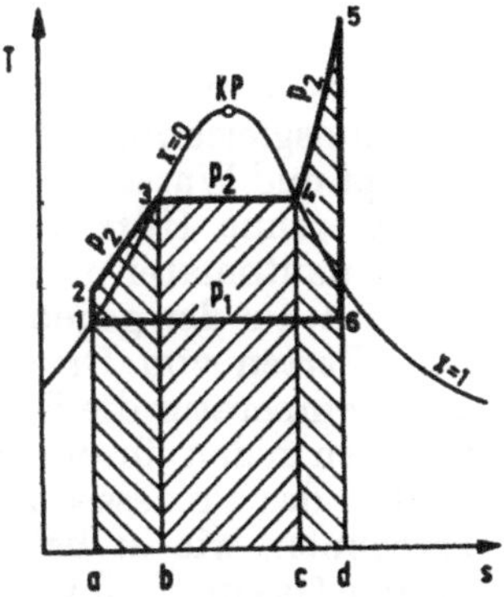

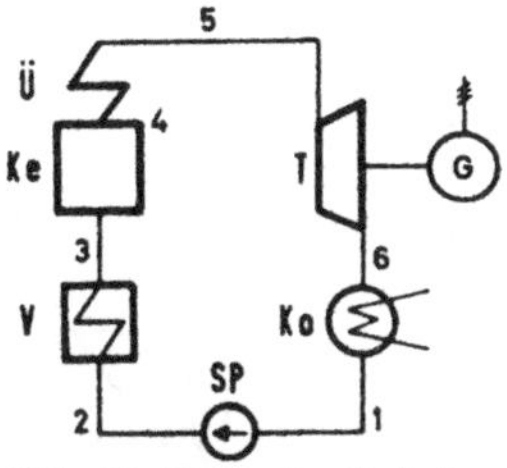

Abb. 53. Dampfkraft-Anlage nach dem Clausius-Rankine-Prozeß

Abb. 52. Clausius-Rankine-Prozeß im T,s-Diagramm

Der Clausius-Rankine-Prozeß verläuft (wie der Joule-Prozeß für Gase) zwischen zwei Isentropen 1 — 2 und 5 — 6 und zwei Isobaren 2 — 3 — 4 — 5 und 6 — 1. Seine Nutzarbeit entsprechend der Fläche 1 2 3 4 5 6, die eine technische Arbeit a_t nach II § 2 ist, kann man entweder als Differenz zwischen Turbinenarbeit und Speisepumpenarbeit in der Form

$$a_t = h_5 - h_6 - (h_2 - h_1) \tag{1a}$$

schreiben, da Turbine und Pumpe adiabate Systeme sind, oder als Differenz zwischen isobar zu- und abgeführter Wärme, also in der gleichwertigen Form

$$a_t = h_5 - h_2 - (h_6 - h_1) \tag{1b}$$

Der thermische Wirkungsgrad des Clausius-Rankine-Prozesses ist

$$\eta_{th} = \frac{a_t}{q_{zu}} = \frac{h_5 - h_2 - (h_6 - h_1)}{h_5 - h_2} = 1 - \frac{h_6 - h_1}{h_5 - h_2} \qquad (2)$$

Vernachlässigt man die Arbeit der Speisepumpe gegen die Turbinenarbeit, setzt also $h_2 \approx h_1$, so wird der thermische Wirkungsgrad

$$\eta_{th} = \frac{h_5 - h_6}{h_5 - h_1} \qquad (3)$$

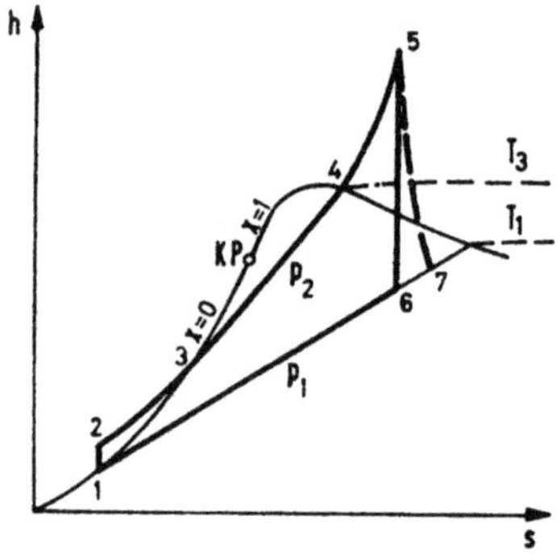

Abb. 54. Clausius-Rankine-Prozeß im *h, s*-Diagramm

Da es keine einfache Zustandsgleichung für Dampf und Wasser gibt, ist es (ohne Hilfe von Rechenautomaten) nicht möglich, aus den gegebenen Werten von Druck und Temperatur die Enthalpien in den einzelnen Stufen des Prozesses zu berechnen, wie es beim idealen Gas der Fall war. Man benutzt daher Zustandsdiagramme des Wasserdampfes, wofür sich besonders das von Mollier vorgeschlagene h, s-Diagramm bewährt (Abb. 54). Man entnimmt diesem Diagramm als Strecken die folgenden Enthalpiedifferenzen:

$h_2 - h_1$ Speisepumpenarbeit (isentrop)
$h_3 - h_2$ Flüssigkeitswärme (isobar)
$h_4 - h_3$ Verdampfungswärme (isobar-isotherm)
$h_5 - h_4$ Überhitzungswärme (isobar)
$h_5 - h_6$ Turbinenarbeit (isentrop)
$h_6 - h_1$ Kondensationswärme (isobar-isotherm)

In Abb. 54 ist wie in Abb. 52 die Zustandsänderung in der Speisepumpe der Deutlichkeit halber stark übertrieben gezeichnet. Die wirkliche Expansionslinie der Turbine wird wegen der unvermeidlichen Reibung unter Entropiezunahme längs der Linie 5 — 7 verlaufen. Dadurch verringert sich die Turbinenarbeit um die Enthalpiedifferenz $h_7 - h_6$, während sich die im Kondensator abzuführende Wärme um diesen Betrag erhöht.

Nach Gl. (2) ist der thermische Wirkungsgrad um so besser, je größer die zugeführte Wärme $h_5 - h_2$ und je kleiner die abgeführte Wärme $h_6 - h_1$ ist. Die Temperatur T_1 und der zugehörige Sättigungsdruck p_1 sind beim Kraftwerk mit Kondensation meist durch das vorhandene Kühlwasser unveränderlich gegeben. Durch Wahl geeigneter Werte p_2 und T_5, die durch die Festigkeit der Baustoffe begrenzt sind, läßt sich die zugeführte Wärme erhöhen ohne proportionale Zunahme der abgeführten Wärme. Von Sonderfällen abgesehen, sind für Großkraftwerke heute Kesseldrücke von 170 bis 250 bar und Überhitzungstemperaturen t_5 um 540 °C üblich. Bei einer Kondensationstemperatur $t_1 = 26$ °C erreicht damit der Clausius-Rankine-Prozeß thermische Wirkungsgrade um 45 %.

§ 2 Zwischenüberhitzung und Carnotisierung

Die oben angegebenen Werte von Kesseldruck und Frischdampftemperatur würden bewirken, daß der Endpunkt der Expansionslinie in den Bereich zu hoher Dampfnässe (das ist $1 - x$ nach V § 1) kommt, wodurch die Schaufeln der letzten Turbinenstufen durch Erosion gefährdet sind. Man kann diese „Endnässe" durch mehrmalige Überhitzung des Dampfes nach Teilexpansion in der Turbine verkleinern und gleichzeitig den thermischen Wirkungsgrad erhöhen. Abb. 55 zeigt einen Prozeß mit einmaliger Zwischenüberhitzung im T, s-Diagramm, Abb. 56 im Anlagenschema. Der Dampf expandiert im Hochdruckteil der Turbine (T_1) nur bis Punkt 6 und wird dann in einem zweiten Überhitzer ($Ü_2$) isobar längs der Linie 6 — 7 auf (annähernd) die

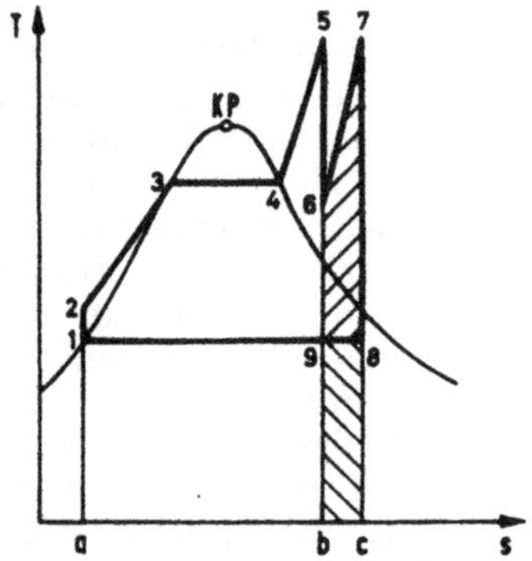

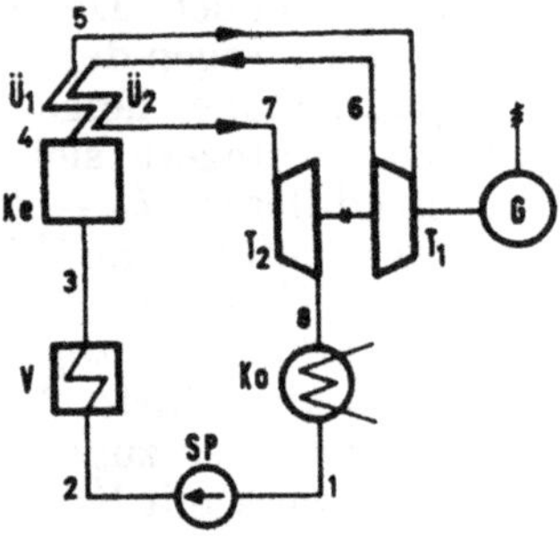

Abb. 56. Anlagenschema zum Prozeß nach Abb. 55

Abb. 55. Dampfkraft-Prozeß mit einmaliger Zwischenüberhitzung

ursprüngliche Frischdampftemperatur $T_7 = T_5$ überhitzt. Der Endpunkt der Expansion 8 in der Niederdruckturbine T_2 liegt wesentlich näher an der rechten Grenzkurve als Punkt 9. Die zusätzlich gewonnene Arbeit entspricht der Fläche 6 7 8 9, die zusätzlich abzuführende Wärme der Fläche 8 9 *b c*. Der günstigste Zwischendruck $p_6 = p_7$ muß fallweise ermittelt werden, er liegt bei heutigen Großkraftwerken zwischen 20 und 40 bar. Der Dampfgehalt im Punkt 8 soll den Wert $x = 0{,}88$ möglichst nicht unterschreiten. Der thermische Wirkungsgrad dieses Prozesses ist

$$\eta_{\text{th}} = 1 - \frac{h_8 - h_1}{h_5 - h_2 + h_7 - h_6} \tag{4}$$

Die Steigerung des Wirkungsgrades kommt dadurch zustande, daß durch die Zwischenüberhitzung die Mitteltemperatur der Wärmezufuhr erhöht wurde. Diese Mitteltemperatur ist die obere Temperatur eines gleichwertigen Carnot-Prozesses.

Beim idealen Vergleichsprozeß würde, wie beim Carnot-Prozeß, die Wärme nur bei der höchsten Temperatur zu- und bei der niedrigsten abgeführt werden. Diesen Idealfall kann man durch regenerative Speisewasservorwärmung annähern, die daher auch Carnotisierung des Clausius-Rankine-Prozesses genannt wird. Wie Abb. 57 im T, s-Diagramm und Abb. 58 im Anlagenschema zeigt, wird hierbei der Turbine stufenweise teilexpandierter Dampf entnommen, der in Vorwärmern (V_1 bis V_3) das Speisewasser aufheizt. Der größte Teil des Dampfes expandiert in der Turbine auf den Kondensatordruck (Punkt 6 in Abb. 57). Die Teilströme errechnen sich aus der Wärmebilanz jeder Stufe. Damit die beiden schraffierten Flächen in Abb. 57 gleich sind, muß gelten

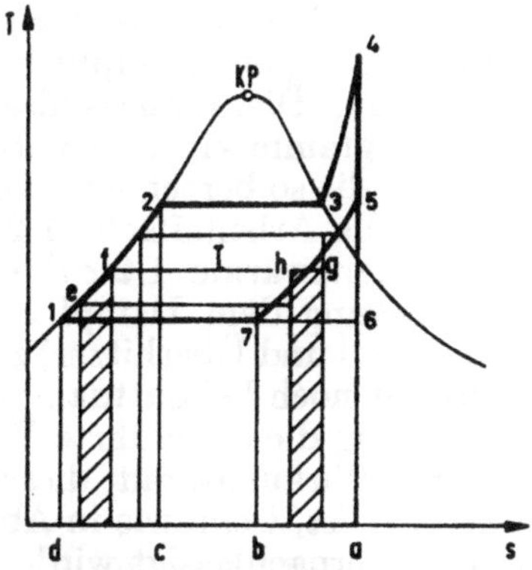

Abb. 57. Regenerative Speisewasservorwärmung (Carnotisierung)

$$\dot{m}\,(h_f - h_e) = \dot{m}'\,r = \dot{m}\,T\,(s_g - s_h) = \dot{m}\,r\,(x_g - x_h) \qquad (5)$$

Es bedeuten $\dot{m}$ den gesamten Massenstrom des Speisewassers und $\dot{m}'$ den Dampfteilstrom der betrachteten

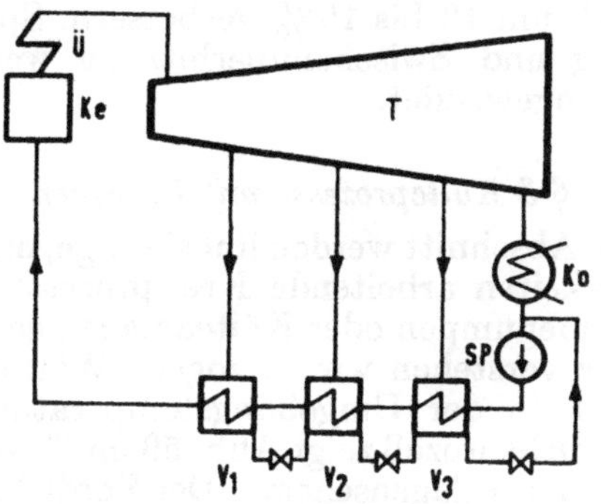

Abb. 58. Anlagenschema zur Carnotisierung mit drei Vorwärmern V_1 bis V_3

Stufe. Die Kondensation des Teilstroms wirkt wie eine Erniedrigung des Dampfgehaltes des Gesamtstroms von x_g auf x_h. Diese Zustandsänderung läßt sich in das T, s-Diagramm eintragen. Bei unendlich vielen Stufen verläuft die so berechnete Expansionslinie von 5 nach 7, so daß die Arbeitsfläche 1 2 3 4 5 7 wird. Die gesamte Flüssigkeitswärme 1 2 *c d* wird durch innere Wärmeübertragung dem Dampf entnommen. Die von außen (im Kessel und Überhitzer) zugeführte Wärme 2 3 4 5 *a c* wird nur noch bei Sattdampf- oder höherer Temperatur zugeführt; die abgeführte Wärme ist 1 7 *b d*. Der thermische Wirkungsgrad dieses idealisierten Vergleichsprozesses ist, wenn wie in Abb. 57 die Arbeit der Speisepumpe vernachlässigt wird

$$\eta_{th} = 1 - \frac{h_7 - h_1}{h_4 - h_2} \tag{6}$$

Neben der Verbesserung des Wirkungsgrades ergibt sich noch der praktische Vorteil, daß durch die Anzapfung der Dampfstrom in den Endstufen kleiner wird. Daher können die Schaufeln kürzer gebaut werden und erleiden keine so hohe Beanspruchung durch die Fliehkraft. In praktischen Fällen werden 5 bis 10 Entnahmestufen verwendet, der thermische Wirkungsgrad läßt sich dadurch um 10 bis 15% verbessern. Speisewasservorwärmung und Zwischenüberhitzung werden meist zusammen angewendet.

§ 3 Kälteprozesse mit Dämpfen

In diesem Abschnitt werden linksläufige, mit Dämpfen und Flüssigkeiten arbeitende Kreisprozesse behandelt, die für Wärmepumpen oder Kälteanlagen geeignet sind. Unter Kälte verstehen wir entzogene Wärme, vorzugsweise unterhalb der Umgebungstemperatur. Den üblichen Vergleichsprozeß zeigt Abb. 59 im T, s-Diagramm und Abb. 60 im Anlagenschema. Der Verdichter *V* saugt das Arbeitsmedium im trocken gesättigten Zustand 1 an und verdichtet es isentrop auf den Zustand 2. Im Kondensator wird der Dampf zunächst isobar abgekühlt (2 — 3) und dann kondensiert (3 — 4). Die Expansionsmaschine, die das Arbeitsmedium isentrop (4 — 6) entspannen würde, wird im Normalfalle durch ein Drosselventil ersetzt, das bei konstanter Enthalpie (4 — 5) entspannt. Die Linie 4 — 5 entspricht nicht der wirklichen Zustandsänderung, da sich das Arbeitsmedium während der Drosselung in keinem einheitlichen Zustand befindet.

Die zugeführte Wärme q_{zu} (oder die Kälte) wird durch die Fläche 5 1 *a b* dargestellt, so daß die Fläche 6 5 *b c* dem durch die Drossel verursachten Kälteverlust entspricht. Dieser Kälteverlust ist gleich der nicht gewonnenen Arbeit einer Expansionsmaschine, entsprechend der Fläche 4 6 7. Die Fläche 1 2 3 4 7 bedeutet die zugeführte Arbeit a_t und die Fläche 2 3 4 *c a* die abgeführte Wärme q_{ab}. Die Leistungsziffer ε_K der Kälteanlage (vgl. III § 6) ist das Verhältnis von Kälte zu Arbeit, so daß wir aus Abb. 59 mit $h_4 = h_5$ ablesen können

$$\varepsilon_K = \frac{h_1 - h_5}{h_2 - h_1} = \frac{h_1 - h_4}{h_2 - h_1} \tag{7}$$

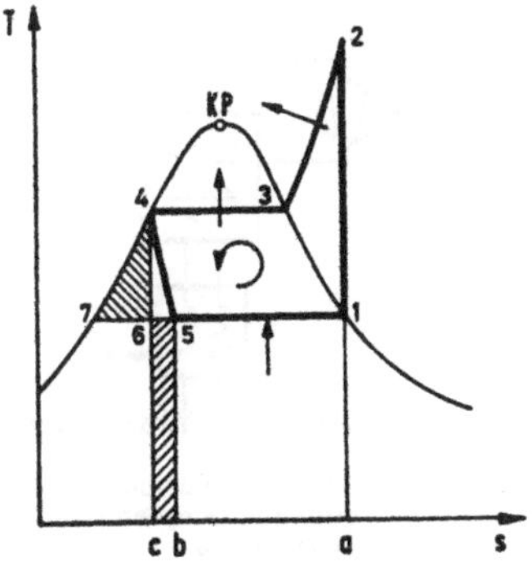

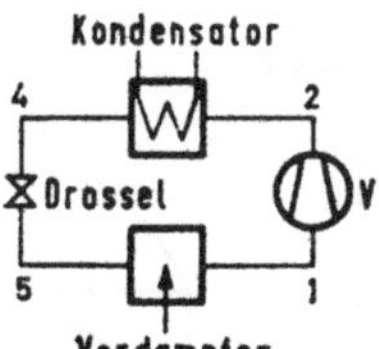

Abb. 60. Schema einer Kompressions-Kälteanlage

Abb. 59. Vergleichsprozeß einer Kompressions-Kälteanlage im *T, s*-Diagramm

Arbeitet die Anlage als Wärmepumpe, so ist deren Leistungsziffer ε_W das Verhältnis von abgeführter Wärme zu Arbeit, also

$$\varepsilon_W = \frac{h_2 - h_4}{h_2 - h_1} = 1 + \varepsilon_K \tag{8}$$

Da die wesentlichen Zustandsänderungen des obigen Vergleichsprozesses Isobaren und Isenthalpen sind, kann man vorteilhaft ein $\log p, h$-Diagramm verwenden (Abb. 61). Für den Druck wird ein logarithmischer Maßstab benutzt, um einen größeren Bereich darstellen zu können. Die Leistungsziffern lassen sich in diesem Diagramm als Verhältnisse von Strecken bestimmen.

Die Kälteleistung des Vergleichsprozesses läßt sich durch zwei Maßnahmen erhöhen, durch Überhitzen des Dampfes im Verdampfer und durch Nachkühlen der Flüssigkeit im Kondensator.

Eine Anwendung der Wärmepumpe zum Eindampfen von Lösungen oder zum Destillieren zeigt Abb. 62. Der über dem Flüssigkeitsspiegel befindliche Dampf wird im Verdichter V auf einen höheren Druck gebracht, wodurch auch die Verdampfungstemperatur steigt. Da-

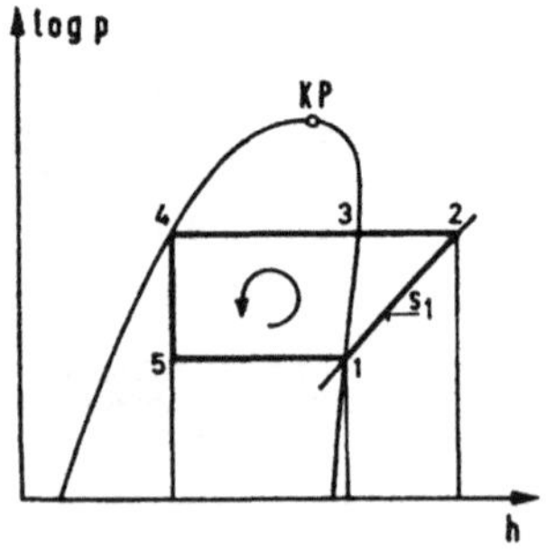

Abb. 61. log p, h-Diagramm für Kälteprozesse

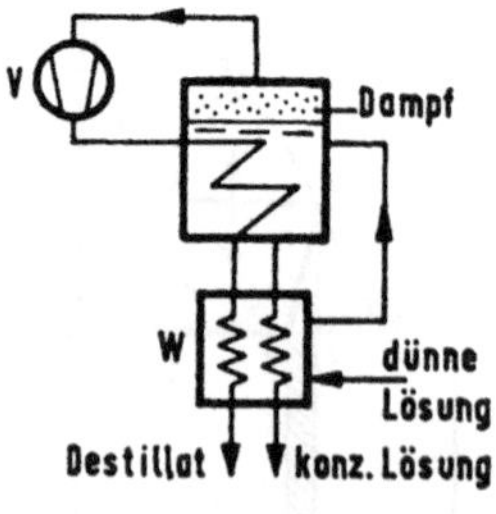

Abb. 62. Wärmepumpe zum Eindampfen oder Destillieren

durch kann er die Lösung, aus der er stammt, zum Sieden bringen. In einem Wärmeaustauscher W wird die eingespeiste dünne Lösung durch Abwärme vorgewärmt. Je nach dem Verwendungszweck wird das Destillat oder die konzentrierte Lösung als Produkt angesehen.

§ 4 Luftverflüssigung

Ein von Linde angegebenes Luftverflüssigungsverfahren beruht auf der Abkühlung der Luft durch Drosselung, dem Joule-Thomson-Effekt (vgl. IV § 5), in Verbindung mit einer Wärmeübertragung im Gegenstrom zwischen verdichteter und entspannter Luft. Abb. 63 zeigt die Vorgänge im T, s-Diagramm und Abb. 64 im

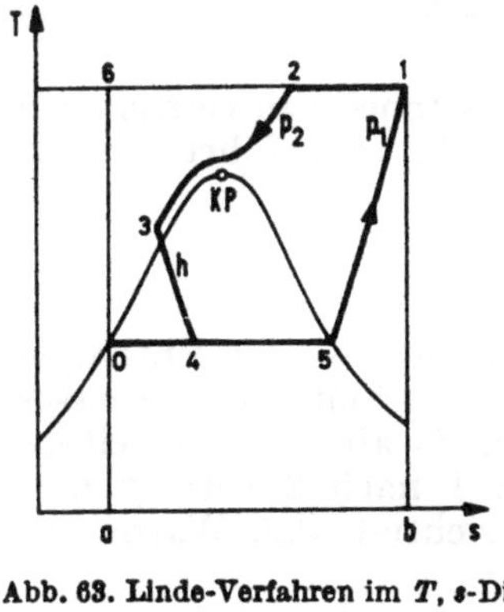

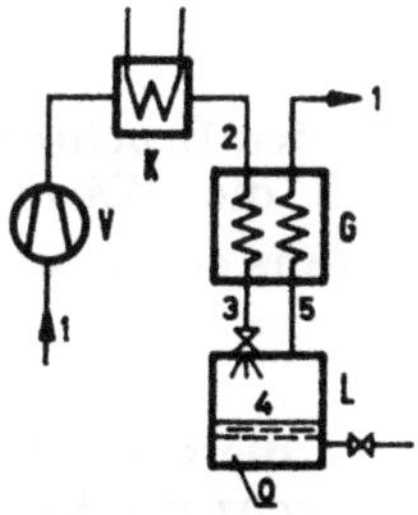

Abb. 64. Schema des Linde-Verfahrens

Abb. 63. Linde-Verfahren im T, s-Diagramm (nicht maßstäblich)

Schema der Anlage. Luft vom Umgebungszustand 1 wird im Verdichter V verdichtet und im Kühler K auf die Ansaugetemperatur zurückgekühlt. Im T, s-Diagramm ist dieser Vorgang als isotherme Verdichtung 1 — 2 dargestellt. Im Wärmeaustauscher G, hier Gegenströmer genannt, wird das verdichtete Gas isobar auf die Temperatur T_3 im Gegenstrom mit der entspannten Luft abgekühlt (Linie 2 — 3) und dann im Luftverflüssiger L adiabat gedrosselt (Isenthalpe 3 — 4). Bei dieser Zustandsänderung wird die linke Grenzkurve überschritten, so daß im Punkt 4 ein Teil der Luft flüssig ist (Zustand 0), der Rest in gasförmigem Zustand 5 durch den Gegenströmer erwärmt wird (5 — 1) und im Zustand 1 in die Atmosphäre abströmt.

Der im Beharrungszustand arbeitenden Anlage kann laufend ein bestimmter Bruchteil y des vom Kompressor mit der Enthalpie h_2 angelieferten Massenstroms $\dot{m}$ in flüssiger Form mit der Enthalpie h_0 entnommen werden. Der Bruchteil $(1 - y)$ verläßt die Anlage mit der Enthalpie h_1. Die Enthalpiebilanz für Luftverflüssiger L und Gegenströmer G ergibt

$$y = \frac{h_1 - h_2}{h_1 - h_0} \tag{9}$$

Um den Bruchteil y des Massenstroms $\dot{m}$ zu verflüssigen, muß die Wärme $q = y\,(h_1 - h_0)$ abgeführt werden. Daraus ergibt sich mit Gl. (9)

$$q = h_1 - h_2 \tag{10}$$

d. h. die erzeugte Kälte hängt nur von der Enthalpiedifferenz der Luft auf der warmen Seite des Prozesses, also bei Umgebungstemperatur T_1 ab. Diese Arbeit der isothermen Kompression von 1 nach 2 beträgt nach Gl. (II 33), wenn man berücksichtigt, daß Wärme nur bei T_1 übertragen wird,

$$a_t = h_1 - h_2 - T_1\,(s_1 - s_2)$$

Der Arbeitsaufwand für das Massenelement der flüssigen Luft wird danach mit Gl. (9)

$$\frac{a_t}{y} = \left(h_1 - h_0\right)\left[1 - T_1 \frac{s_1 - s_2}{h_1 - h_2}\right] \tag{11}$$

Den theoretischen Mindest-Arbeitsaufwand zur Verflüssigung erhalten wir bei reversibler Überführung aus dem Zustand 1 in den Zustand 0. Hierzu kann die Luft isotherm bei der Temperatur T_1 auf den Zustand 6 verdichtet werden und dann isentrop auf den Zustand 0 entspannt werden. Der Mindest-Arbeitsaufwand wird damit

$$(a_t)_{min} = h_1 - h_0 - T_1 (s_1 - s_0) \tag{12}$$

Ihm entspricht im T, s-Diagramm der Abb. 63 die Fläche 1 6 0 5 1, da $h_1 - h_0$ durch die Fläche 1 5 0 *a b* und $T_1 (s_1 - s_0)$ durch die Fläche 1 6 *a b* dargestellt werden. Die Arbeit nach Gl. (12) ist dem Betrage nach gleich der maximalen Arbeit nach Gl. (IV 58), die Luft vom Zustand 0 in einer Umgebung vom Zustand 1 zu leisten vermag. Wegen des sehr hohen Druckes im Zustand 6 ist dieser Prozeß praktisch nicht ausführbar. Er ist deshalb als Vergleichsprozeß für das Linde-Verfahren ebenso unzweckmäßig wie etwa der Carnot-Prozeß für den Verbrennungsmotor. Das hier in der einfachsten Form dargestellte Linde-Verfahren läßt sich in mehrfacher Hinsicht verbessern.

VIII Gasdynamik

In diesem Abschnitt werden eindimensionale, reibungsfreie, stationäre, adiabate Strömungen idealer Gase konstanter Wärmekapazität behandelt, bei denen die Dichteänderungen infolge von Druckunterschieden in der Strömung nicht mehr zu vernachlässigen sind. In den hier betrachteten Strömungskanälen soll auch keine Arbeit nach außen übertragen werden und außerdem können Änderungen der potentiellen Energie außer Betracht bleiben. Dann gilt Gl. (II 25), die wir in differentieller Form

$$\mathrm{d}\,(w^2/2) = -\,\mathrm{d}h = -\,c_p\,\mathrm{d}T \tag{1}$$

schreiben. Aus Gl. (1) läßt sich eine Beziehung für den Ausfluß aus einem Kessel ableiten.

§ 1 Ausflußgleichung

Wir betrachten gemäß Abb. 65 eine abgerundete Mündung an einem großen Behälter, auch Kessel genannt, in dem der Zustand 0 (Kessel- oder Ruhezustand) herrscht und die kinetische Energie des Gases

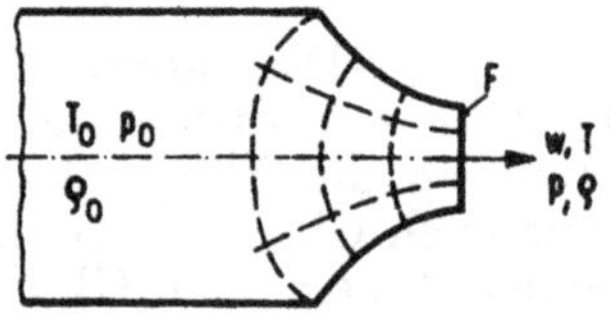

Abb. 65. Zur Ableitung der Ausflußgleichung

vernachlässigt werden kann ($w_0 = 0$). Dann ergibt die Integration von Gl. (1) für ein ideales Gas mit konstanter Wärmekapazität

$$w^2/2 = c_p\, T_0\, (1 - T/T_0) \tag{2}$$

Da nach den oben gemachten Voraussetzungen die Strömung auch isentrop verläuft, gilt mit

$$T/T_0 = (p/p_0)^{\frac{\varkappa - 1}{\varkappa}}, \quad T_0 = p_0\, v_0/R \quad \text{und} \quad c_p/R = \varkappa/(\varkappa - 1)$$

$$w = \sqrt{2\, \frac{\varkappa}{\varkappa - 1}\, p_0\, v_0 \left[1 - \left(\frac{p}{p_0}\right)^{\frac{\varkappa - 1}{\varkappa}}\right]} \tag{3}$$

Das ist eine Gleichung für die Geschwindigkeit an einer Stelle der Düse, an der der Druck p herrscht, wenn die Strömung aus einem Kessel mit den Zustandsgrößen p_0 und v_0 stammt. Der Massenstrom $\dot{m} = F\, w\, \varrho$ läßt sich nach Gl. (3) und der Isentropenbeziehung $\varrho/\varrho_0 = (p/p_0)^{1/\varkappa}$ wie folgt berechnen, wenn F die (voll durchströmte) Querschnittsfläche bedeutet:

$$\dot{m} = F\, \psi \sqrt{2\, p_0\, \varrho_0} = F\, \psi\, p_0 \sqrt{2/(R\, T_0)} \tag{4}$$

mit dem nur vom Druckverhältnis p/p_0 und $\varkappa$ abhängigen Ausflußkoeffizienten

$$\psi = \left(\frac{\varkappa}{\varkappa - 1}\right)^{1/2} \left[\left(\frac{p}{p_0}\right)^{\frac{2}{\varkappa}} - \left(\frac{p}{p_0}\right)^{\frac{\varkappa + 1}{\varkappa}}\right]^{1/2} \tag{5}$$

Gl. (4) mit Gl. (5) ist die Ausflußgleichung von de Saint Venant und Wantzel (1839). Der Ausflußkoeffizient ψ hat als Funktion von p/p_0 ein Maximum

$$\psi_{\max} = \sqrt{\frac{\varkappa}{\varkappa + 1}} \left(\frac{2}{\varkappa + 1}\right)^{\frac{1}{\varkappa - 1}} \tag{6}$$

das beim Druckverhältnis

$$\frac{p^*}{p_0} = \left(\frac{2}{\varkappa + 1}\right)^{\frac{\varkappa}{\varkappa - 1}} \tag{7}$$

auftritt (Abb. 66). Diese Werte sind als Funktion von $\varkappa$ in untenstehender Tabelle zusammengestellt, in die auch das zu p^*/p_0 gehörige Temperaturverhältnis $T^*/T_0 = 2/(\varkappa + 1)$ aufgenommen ist. Der Verlauf von ψ nach Abb. 66 zeigt zusammen mit Gl. (4), daß bei gegebenem Kesselzustand in einer sich verjüngenden Düse ψ nur steigen kann, da $F\,\psi = \text{const}$ sein muß. Für eine solche Düse ist nur der rechte Ast von ψ nach Abb. 66 benutzbar von $\psi = 0$ bis $\psi_{\max}$. Das bedeutet, daß in einer sich verjüngenden Düse das kleinstmögliche Verhältnis zwischen dem Druck in der Mündung p und dem Kesseldruck p_0 das durch Gl. (7) gegebene Druckverhältnis

$\varkappa$	1,667	1,400	1,300	1,200	1,135
p^*/p_0	0,487	0,528	0,546	0,565	0,577
$\psi_{\max}$	0,514	0,484	0,472	0,459	0,449
T^*/T_0.....	0,750	0,833	0,870	0,909	0,937

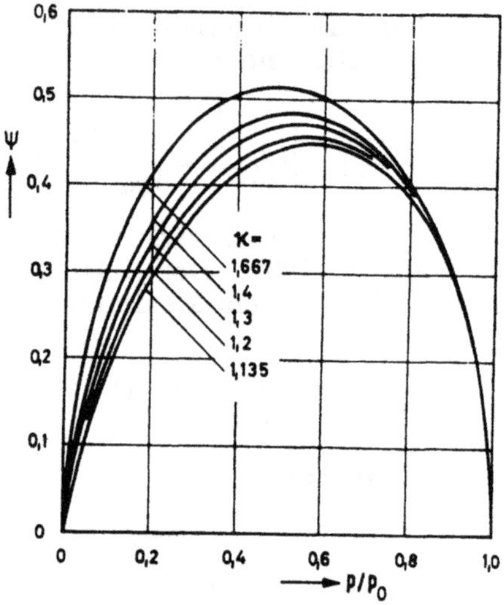

Abb. 66. Ausflußkoeffizient ψ als Funktion des Druckverhältnisses p/p_0

p^*/p_0 ist. Dem entspricht nach Gl. (3) die größtmögliche Geschwindigkeit im Austrittsquerschnitt

$$w^* = \sqrt{2\,R\,T_0\,\varkappa/(\varkappa+1)} = \sqrt{\varkappa\,R\,T^*} \tag{8}$$

Da bei der sich verjüngenden Düse ψ nicht abnehmen kann, bleibt w^* auch erhalten, wenn der Außendruck unter p^* gesenkt wird. Durch Gl. (4) ist dann mit $\psi = \psi_{max}$ der größtmögliche Massenstrom gegeben (choked flow).

Die Grenzgeschwindigkeit nach Gl. (8) ist identisch mit der Schallgeschwindigkeit a, d. h. mit der Transportgeschwindigkeit einer kleinen Störung, die im allgemeinen Falle durch

$$a = \left(\frac{\partial p}{\partial \varrho}\right)_s^{1/2} = (v/\chi_s)^{1/2}$$

gegeben ist mit $\chi_s = -(\partial v/\partial p)_s/v$ als der isentropen Kompressibilität. Zu der in II § 6 definierten isothermen

Kompressibilität $\chi = \chi_T$ besteht die für alle Stoffe gültige Beziehung $\chi_T/\chi_s = c_p/c_v$. Für ideale Gase ist (nach III § 1) $\chi_T = 1/p$ und $c_p/c_v = \varkappa$ und damit

$$a = \sqrt{\varkappa\, p\, v} = \sqrt{\varkappa\, R\, T} \tag{9}$$

Ein Vergleich mit Gl. (8) zeigt, daß für $p/p_0 \leq p^*/p_0$ im Austrittsquerschnitt der sich verjüngenden Düse

$$w^* = \sqrt{\varkappa\, R\, T^*} = a^* \tag{10}$$

ist, d. h. die örtliche Strömungsgeschwindigkeit ist gleich der örtlichen Schallgeschwindigkeit. Die Schallgeschwindigkeit a ist nach Gl. (9) eine thermodynamische Zustandsgröße. Sie eignet sich als Bezugsgröße für die Strömungsgeschwindigkeit. Wir definieren die Mach-Zahl

$$\mathrm{Ma} = w/a \tag{11}$$

als das Verhältnis der örtlichen Strömungsgeschwindigkeit zur örtlichen Schallgeschwindigkeit.

§ 2 Laval-Düse

Um das Gas auf eine höhere Geschwindigkeit als w^* zu beschleunigen, muß man eine erweiterte Düse nach dem Vorschlag von de Laval (1887) verwenden, wie sie in Abb. 67 zusammen mit dem schematischen Verlauf von Druck, Geschwindigkeit und Temperatur dargestellt ist. Die Gln. (3) und (4) bleiben gemäß ihrer Ableitung auch für den erweiterten Teil richtig, für den der linke Ast der ψ-Kurve nach Abb. 66 gilt. Im konvergenten Teil der Düse herrscht Unterschallgeschwindigkeit (Ma $<$ 1), im engsten Querschnitt Schallgeschwindigkeit (Ma $=$ 1) und im erweiterten Teil Überschallgeschwindigkeit (Ma $>$ 1). Aus Gl. (4) folgt mit

$$\dot{m}/F = \varrho\, w = \psi \sqrt{2\, p_0\, \varrho_0}$$

daß die Massenstromdichte $\varrho\, w$ im engsten Querschnitt ein Maximum hat.

Aus den bisher abgeleiteten Beziehungen und der Kontinuitätsgleichung $\dot{m} = F\, w\, \varrho = \text{const}$ bei voll

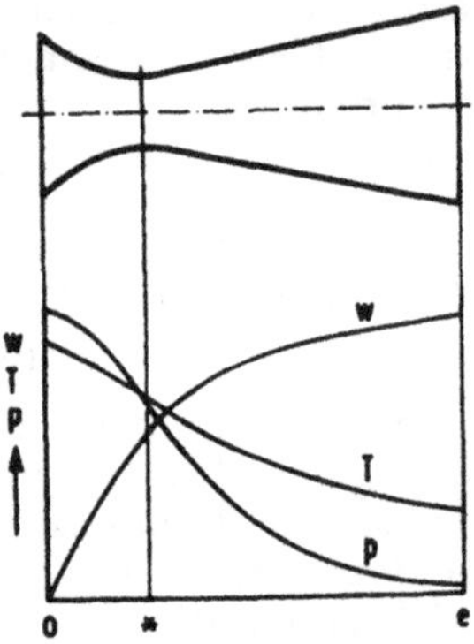

Abb. 67. Laval-Düse. Verlauf von Druck, Temperatur, Geschwindigkeit

durchströmten Querschnitten (also ohne Ablösung) läßt sich ein vollständiges Gleichungssystem zur Berechnung aller Zustandsgrößen in jedem Querschnitt der Laval-Düse aufstellen. Als kennzeichnenden Parameter benutzt man am einfachsten die nach Gl. (11) definierte örtliche Mach-Zahl $\mathrm{Ma} = w/a$. Dividiert man Gl. (2) durch $a^2 = \varkappa\, R\, T$ nach Gl. (9), so erhält man nach einigen Umrechnungen mit $c_p/(\varkappa\, R) = 1/(\varkappa - 1)$ die Gleichungen

$$\frac{T}{T_0} = \Theta_0 = \frac{2}{2 + (\varkappa - 1)\,\mathrm{Ma}^2} \tag{12}$$

$$\frac{T}{T^*} = \Theta^* = \frac{\varkappa + 1}{2 + (\varkappa - 1)\,\mathrm{Ma}^2} \tag{13}$$

Damit ist die örtliche Temperatur T, bezogen auf die Kesseltemperatur T_0 oder die Temperatur im engsten Querschnitt T^*, als Funktion von $\varkappa$ und der örtlichen Mach-Zahl Ma berechnet. Alle weiteren interessierenden Größen kann man aus diesen beiden Temperaturverhältnissen Θ_0 und Θ^* gemäß untenstehender Aufstellung erhalten, deren Ableitung hier übergangen sei:

$$p/p_0 = \Theta_0^{\frac{\varkappa}{\varkappa - 1}} \qquad p/p^* = \Theta^{*\frac{\varkappa}{\varkappa - 1}} \tag{14}$$

$$\varrho/\varrho_0 = \Theta_0^{\frac{1}{\varkappa - 1}} \qquad \varrho/\varrho^* = \Theta^{*\frac{1}{\varkappa - 1}} \tag{15}$$

$$F/F_0 = 0 \qquad F/F^* = \frac{1}{\mathrm{Ma}}\left(\frac{1}{\Theta^*}\right)^{\frac{\varkappa + 1}{2(\varkappa - 1)}} \tag{16}$$

$$w/w_0 = \infty \qquad w/w^* = \mathrm{Ma}\; \Theta^{*1/2} \tag{17}$$

Da die Kesselgeschwindigkeit $w_0 = 0$ ist, muß nach der Kontinuitätsgleichung $F_0 = \infty$ angenommen werden, so daß $F/F_0 = 0$ wird. Die größte Geschwindigkeit erhält man bei der Expansion auf den Druck Null. Aus den Gln. (3) und (8) ergeben sich dafür die Ausdrücke

$$w_{max} = \sqrt{2\, p_0\, v_0\, \varkappa/(\varkappa - 1)} \quad \text{und} \quad w_{max}/w^* = \sqrt{(\varkappa + 1)/(\varkappa - 1)}$$

§ 3 Gerader Verdichtungsstoß

Die im vorigen Abschnitt abgeleiteten Gleichungen liefern nur dann die richtigen Zustandsgrößen in allen Querschnitten der Laval-Düse, wenn der Gegendruck gleich (oder kleiner) als der berechnete Druck im Austrittsquerschnitt ist, d. h. wenn die Düse dem herrschenden Gegendruck angepaßt ist. Den Druckverlauf längs der Düse bei verschiedenen Gegendrücken erkennt man aus Abb. 68. Bei angepaßter Düse wird die Strömung im ganzen Bereich beschleunigt, der Druck verläuft längs der Linie 0 1 2. Der Druck am Austritt ist gleich dem Gegendruck p_2. Wird der Gegendruck auf p_4 gesteigert, so tritt im Inneren der Düse ein Drucksprung $a - b$ auf, der die Strömung von Überschall- auf Unterschallgeschwindigkeit verzögert. Der Druck verläuft längs der Linie $0 - 1 - a - b - 4$, wobei der Teil $b - 4$ einer Verzögerung bei Unterschallgeschwindigkeit entspricht. Bei weiterer Steigerung des Gegendruckes wandert der Drucksprung, der gerader Verdichtungsstoß genannt wird, weiter ins Innere der Düse $(0 - 1 - c - d - 5)$. Beim Gegendruck p_6 wird im engsten Querschnitt gerade

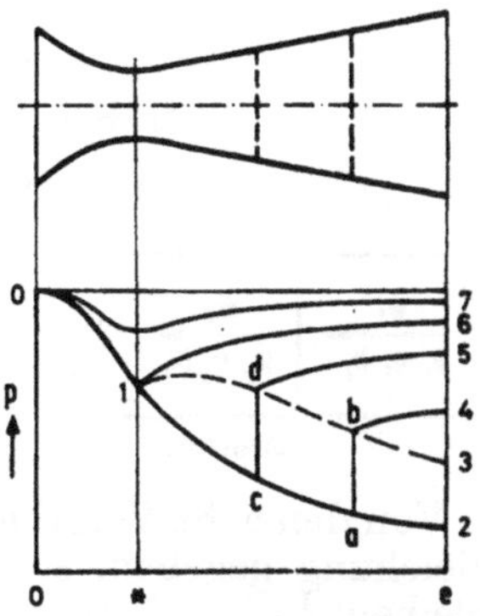

Abb. 68. Druckverlauf in der Laval-Düse bei verschiedenen Gegendrücken

noch Schallgeschwindigkeit erreicht, während beim Gegendruck p_7 die Laval-Düse als Venturirohr, also ganz im Unterschallbereich arbeitet. Beim Gegendruck p_3 tritt der Verdichtungsstoß im Austrittsquerschnitt auf, bei Gegendrücken zwischen p_3 und p_2 beobachtet man schräge Verdichtungsstöße. Liegt der Gegendruck unter dem Druck p_2, so expandiert der Strahl außerhalb der Düse weiter.

Der gerade Verdichtungsstoß ist eine sprunghafte Änderung der Zustandsgrößen, die irreversibel, adiabat und ohne Arbeitsleistung so verläuft, daß das Gas nach dem Stoß den Querschnitt wieder ausfüllt. Zur Berechnung dieser sprunghaften Änderung wählen wir ein Bezugssystem, in dem die Stoßfront ruht (Abb. 69) und bezeichnen die Größen p, ϱ, h, w vor dem Stoß mit dem Index 1, nach dem Stoß mit dem Index 2. Die Massenstromdichte und die Gesamtenergie müssen durch den Stoß ungeändert bleiben und die Änderung der Impulsstromdichte $\varrho\, w^2$ muß gleich der Druckänderung sein. Wir erhalten also die drei Gleichungen für die Erhaltung der Masse, der Energie und des Impulses

$$\varrho_1\, w_1 = \varrho_2\, w_2 \tag{18}$$

$$h_1 + w_1^2/2 = h_2 + w_2^2/2 = h_0 \tag{19}$$

$$p_1 + \varrho_1\, w_1^2 = p_2 + \varrho_2\, w_2^2 \tag{20}$$

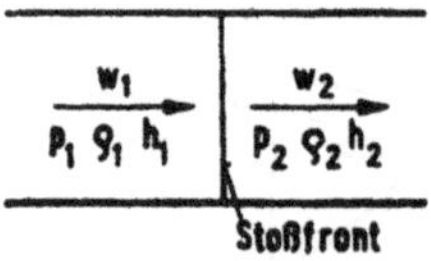

Abb. 69. Gerader Verdichtungsstoß

Von den acht Variablen sind h_1 und h_2 durch die Gasgleichung gegeben, so daß drei Variable frei wählbar bleiben. h_0 ist die spezifische Enthalpie für $w = 0$, also die Kessel- oder Ruheenthalpie. Mit $h_0 = c_p\, T_0 = R\, T_0\, \varkappa/(\varkappa - 1)$ erhalten wir aus den Gln. (18) bis (20) die Beziehung

$$w_1 w_2 = 2\frac{\varkappa - 1}{\varkappa + 1} h_0 = 2\frac{\varkappa}{\varkappa + 1} R\, T_0 = w^{*2} = a^{*2} \tag{21}$$

wobei w^* aus Gl. (8) eingesetzt ist. Das Produkt der Geschwindigkeiten vor und hinter dem geraden Stoß ist danach gleich dem Quadrat der Geschwindigkeit im engsten Querschnitt einer Laval-Düse, mit deren Hilfe die Überschallgeschwindigkeit erzeugt wurde. Daß der gerade Stoß nur Überschallströmung in eine Unterschallströmung verwandeln kann, erkennt man aus einem Vergleich der Ruhedrücke vor und nach dem Stoß. Wir denken uns dazu die Zustandslinie 0 1 *a* *b* 4 der Abb. 68 bis zur Verzögerung auf die Geschwindigkeit Null verlängert. Die Ruheenthalpie h_0 ist durch den Stoß ungeändert, da die Energiegleichung (19) auch für irreversible Vorgänge gilt und das System adiabat und arbeitsdicht ist. Für das ideale Gas mit konstanter Wärmekapazität ist mit h_0 auch die Ruhetemperatur T_0 gleich geblieben. Dann besteht nach Gl. (IV 17) die Beziehung

$$s_{02} - s_{01} = R \ln (p_{01}/p_{02}) \tag{22}$$

wenn s_{01} und s_{02} die Ruheentropien und p_{01} und p_{02} die Ruhedrücke vor und nach dem Stoß bedeuten. Da die Entropie im adiabaten System nur zunehmen kann, muß $p_{01} > p_{02}$ sein. Eine (hier nicht abgeleitete) Beziehung zwischen den Ruhedrücken p_{01} und p_{02} und der Geschwindigkeit vor dem Stoß w_1 zeigt, daß die obige Bedingung nur für $w_1 > a_1$ erfüllt ist. Ein Verdichtungsstoß tritt nur in Überschallströmung auf.

Aus den Gln. (18) bis (20) lassen sich noch die übrigen Zustandsgrößen vor und nach dem Stoß berechnen. Man erhält die Beziehungen

$$T_2 - T_1 = \frac{w_1^2}{2\, c_p}\left(1 - \frac{w^{*4}}{w_1^4}\right) \tag{23}$$

$$p_2 - p_1 = \varrho_1\, w_1^2 \left(1 - \frac{w^{*2}}{w_1^2}\right) \tag{24}$$

$$\varrho_2 - \varrho_1 = \varrho_1 \left(\frac{w_1^2}{w^{*2}} - 1 \right) \tag{25}$$

Da immer $w_1 > a_1$ und damit auch $w_1 > w^* = a^*$ ist, folgen die Ungleichungen $T_2 > T_1$, $p_2 > p_1$ und $\varrho_2 > \varrho_1$. Wegen der Dichtezunahme wird der Stoß Verdichtungsstoß genannt. Ein Verdünnungsstoß würde eine Entropieabnahme im adiabaten System verlangen und ist daher nicht möglich.

§ 4 p, w-Diagramm

Die Vorgänge in der Laval-Düse und der Verdichtungsstoß lassen sich anschaulich in dem von Busemann (1931) vorgeschlagenen p, w-Diagramm verfolgen (Abb. 70). Durch Division von Gl. (3) und Gl. (8) erhält man die Gleichung der isentropen Entspannung in dimensionslosen Koordinaten:

$$\frac{w}{w^*} = \sqrt{\frac{\varkappa + 1}{\varkappa - 1} \left[1 - \left(\frac{p}{p_0} \right)^{\frac{\varkappa - 1}{\varkappa}} \right]} \tag{26}$$

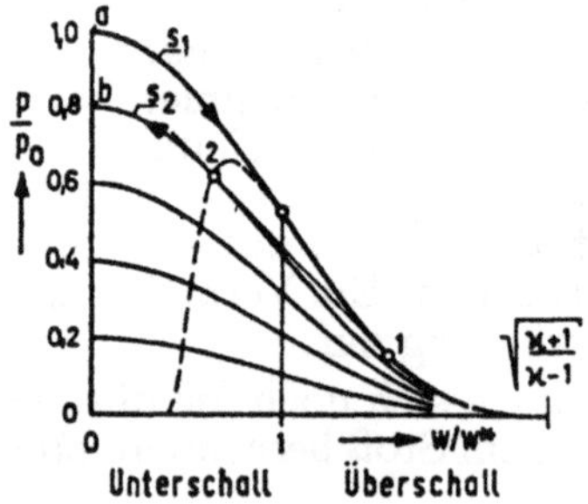

Abb. 70. p, w-Diagramm

Der Durchgang durch den engsten Querschnitt ist durch $w/w^* \doteq 1$ gekennzeichnet, wo die Isentropen Wendepunkte haben. Durch Differentiation von Gl. (26) erhält man mit Gl. (8) als Neigung der Isentropen im p, w-Diagramm den Ausdruck

$$-\,\mathrm{d}p/\mathrm{d}w = \varrho\, w \tag{27}$$

Auch hieraus ist zu erkennen, daß die Massenstromdichte $\varrho\, w$ im engsten Querschnitt, dem Ort des Wendepunktes, ein Maximum hat. Da nach Gl. (18) die Massenstromdichte durch den Verdichtungsstoß nicht geändert wird, liegen die Zustände 1 und 2 vor und hinter dem Stoß auf den Berührungspunkten der gleichen Tangente an zwei Isentropen. Die Expansion beginnt nach Abb. 70 z. B. im Punkt a mit dem Ruhedruck p_{01} und verläuft über den engsten Querschnitt bis zum Ort des Stoßes 1. Die Tangente 1 — 2 kennzeichnet die sprunghafte Änderung von p und w durch den geraden Stoß. Anschließend wird die Unterschallströmung auf den neuen Ruhedruck $p_{02} < p_{01}$ isentrop (2 — b) verzögert. Die Entropiezunahme $s_2 - s_1$ ist durch Gl. (22) gegeben. Alle Isentropen mit $s > s_1$ sind durch proportionale Verkürzung der Ordinaten gezeichnet. Die Endpunkte aller von der Isentrope s_1 ausgehenden Verdichtungsstöße liegen auf der gestrichelten Linie der Abb. 70. Jedes p, w-Diagramm gilt für einen bestimmten Wert von $\varkappa$. Außer w/w^* lassen sich noch weitere Abszissenmaßstäbe anbringen, so z. B. T/T_0, $w/\sqrt{2\, c_p\, T_0}$ oder $\mathrm{Ma} = w/a = w/\sqrt{\varkappa\, R\, T}$.

IX Gas-Dampf-Gemische

In diesem Abschnitt werden Gemische aus zwei Komponenten behandelt, von denen die eine Komponente nur in gasförmiger Phase, die andere in gasförmiger, flüssiger und fester Phase auftreten kann. Die beiden gasförmigen Bestandteile sollen als ideale Gase angesehen werden können, so daß auch das Gesetz von Dalton (III § 4) gilt. Die Löslichkeit des Gases in der flüssigen oder festen Phase sei vernachlässigt. Der wichtigste Vertreter einer solchen Mischung ist die feuchte Luft der Atmosphäre, so daß die folgenden Betrachtungen insbesondere für die Klimatechnik gelten.

§ 1 Konzentrationsmaße

Da sich der Wassergehalt der Luft ändert, empfiehlt es sich, die Masse der trockenen Luft als Bezugsgröße zu wählen. Wir definieren den Wassergehalt x als das

Verhältnis der Wassermasse m_w in gasförmiger, flüssiger und fester Phase zur Masse der reinen (trockenen) Luft m_l, also

$$x = m_w/m_l \tag{1}$$

Dann ist die trockene Luft durch $x = 0$, reiner Dampf oder reines Wasser oder Eis durch $x = \infty$ gekennzeichnet. Der nach Gl. (1) definierte Wassergehalt x feuchter Luft ist nicht mit dem in V § 1 definierten Dampfgehalt zu verwechseln, der üblicherweise auch mit x bezeichnet wird. Nach Gl. (1) wird aus 1 kg trockener Luft durch Befeuchtung $(1 + x)$ kg feuchte Luft. Mit Hilfe der molaren Massen $M_w = 18$ kg/kmol und $M_l = 29$ kg/kmol (in runden Zahlen) kann man den molaren Wassergehalt

$$\varkappa = \frac{m_w/M_w}{m_l/M_l} = \frac{n_w}{n_l} = 1{,}61\, x \tag{2}$$

definieren. Da sich bei idealen Gasen die Teildrücke p wie die Stoffmengen n verhalten (vgl. III § 4), kann man statt Gl. (2) für den Fall, daß das Wasser nur als Dampf auftritt, auch schreiben

$$\varkappa = \frac{n_d}{n_l} = \frac{p_d}{p_l} = \frac{p_d}{p - p_d} \tag{3}$$

oder auch mit Gl. (1) für feuchte Luft

$$x = 0{,}622 \frac{p_d}{p - p_d} \tag{4}$$

Hier bedeuten p_d den Teildruck des Dampfes, p_l den der Luft und p den Gesamtdruck, der meist gleich dem atmosphärischen Druck sein wird. Der Maximalwert von p_d bei gegebener Temperatur ist der Sättigungsdruck p'_d, so daß wir aus Gl. (3) und (4) auch die Sättigungswerte

$$\varkappa' = \frac{p'_d}{p - p'_d} \quad \text{und} \quad x' = 0{,}622 \frac{p'_d}{p - p'_d} \tag{5}$$

erhalten. Während in der Meteorologie die relative Feuchtigkeit

$$\varphi = p_d/p'_d \tag{6}$$

üblich ist, verwendet man in der Klimatechnik meist den Sättigungsgrad

$$\psi = \frac{x}{x'} = \varphi\,\frac{p - p'_d}{p - p_d} = \varphi\,\frac{p - p'_d}{p - \varphi\, p'_d} \tag{7}$$

Für $p'_d \ll p$ kann man $\psi \approx \varphi$ setzen.

Die Dichte feuchter Luft $\varrho_{fl} = (m_l + m_d)/V$ erhält man aus der Addition der beiden Gasgleichungen:

$$\begin{array}{ll} \text{für Luft} & p_l\, V = m_l\, R_l\, T \\ \text{für Dampf} & p_d\, V = m_d\, R_d\, T \\ \hline \text{Summe} & (p_l + p_d)\, V = p\, V = (m_l\, R_l + m_d\, R_d)\, T \end{array}$$

Hieraus ergibt sich

$$\varrho_{fl} = \frac{1 + x}{1 + 1{,}61\, x}\,\frac{p}{T\, R_l} \tag{8}$$

Da meist $p_d \ll p$ ist, kann man mit guter Näherung $p/(T\, R_l) \approx p_l/(T\, R_l) = \varrho_l$ setzen. Das bedeutet, daß feuchte Luft eine geringere Dichte als trockene Luft hat, eine für die Wolkenbildung bedeutsame Eigenschaft.

Die größtmögliche Dampfmasse im Volumenelement erhält man aus der Zustandsgleichung für den gesättigten Wasserdampf zu

$$(m_d/V)_{max} = p'_d/(R_d\, T) \tag{9}$$

§ 2 h, x-Diagramm

Die Enthalpie feuchter Luft läßt sich als extensive Zustandsgröße als Summe der Enthalpien der Bestandteile Luft, Wasserdampf, flüssiges Wasser und Eis berechnen. Man erhält für die spezifische Enthalpie

$$h = h_l + x_d\, h_d + x_w\, h_w + x_e\, h_e \tag{10}$$

wenn auch hier als Bezugsgröße für h die Masse der reinen (trockenen) Luft benutzt wird. Die Indizes l, d, w und e beziehen sich hier auf Luft, Dampf, flüssiges Wasser und Eis. Setzt man die Enthalpie von flüssigem Wasser bei 0 °C (willkürlich) als Nullpunkt für h fest, so wird die Enthalpie eines Systems aus allen vier Bestandteilen, die aber nur auf die Masse der vorhandenen Luft bezogen ist,

$$h = (c_{pl} + x_d\, c_{pd} + x_w\, c_w + x_e\, c_e)\, t + x_d\, r_0 - x_e\, l_s \qquad (11)$$

Es bedeuten r_0 die Verdampfungswärme und l_s die Schmelzwärme von Wasser, beides bei 0 °C, mit den Zahlenwerten $r_0 = 2502$ kJ/kg und $l_s = 333$ kJ/kg. Die spezifischen Wärmekapazitäten der vier Bestandteile sind als temperaturunabhängig angenommen; man rechnet im zu erwartenden Temperaturbereich mit den Werten $c_{pl} = 1{,}00$ kJ/kg K, $c_{pd} = 1{,}86$ kJ/kg K, $c_w = 4{,}19$ kJ/kg K, $c_e = 2{,}05$ kJ/kg K.

Damit enthält Gl. (11) außer Konstanten die spezifische Enthalpie feuchter Luft h als Funktion der Celsius-Temperatur t und des Wassergehaltes $x = x_d + x_w + x_e$. Gl. (11) ist die Grundlage des von Mollier vorgeschlagenen h, x-Diagramms, in dem folgende Bereiche zu unterscheiden sind:

	x_d	x_w	x_e	$(\partial h/\partial x)_t$
ungesättigte Luft	$< x'$	0	0	$h_d = c_{pd}\, t + r_0$
feuchter Nebel	x'	> 0	0	$h_w = c_w\, t$
Eisnebel	x'	0	> 0	$h_e = c_e\, t - l_s$

Außerdem gibt es noch einen Bereich bei $t = 0$ °C, in dem alle vier Bestandteile nebeneinander vorkommen, z. B. als feuchter Schnee in Luft. Der Unterschied zwischen Tripelpunkt und Eispunkt ist bei diesen Betrachtungen außer acht geblieben. Die Neigungen der

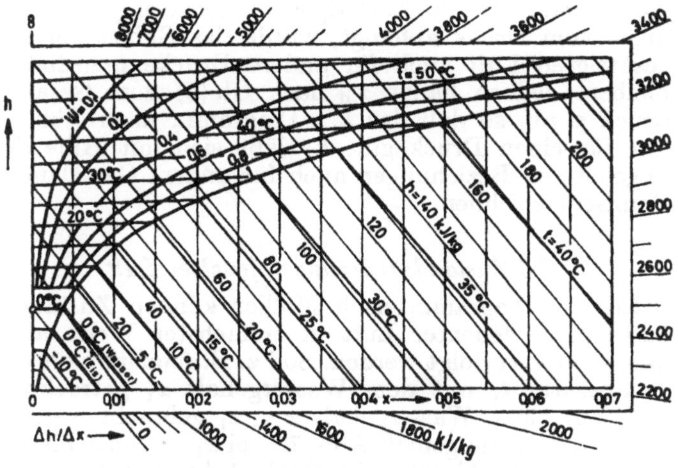

Abb. 71. h, x-Diagramm feuchter Luft für $p = 1$ bar.
o Pol für den Randmaßstab

Isothermen $(\partial h/\partial x)_t$ sind durch Differentiationen von Gl. (10) oder (11) berechnet. Da $r_0 \gg c_{pd}\, t$ ist, verlaufen die Isothermen im ungesättigten Gebiet bei rechtwinkligen Koordinaten sehr steil. Mollier hat daher schiefwinklige Koordinaten verwendet, indem er die x-Achse um r_0 nach unten gedreht hat, so daß die Isotherme für 0 °C im ungesättigten Gebiet waagerecht verläuft, während sie im Gebiet feuchten Nebels die Neigung $-r_0$ und im Eisnebelgebiet die Neigung $-(r_0 + l_s)$ hat (Abb. 71). Die Grenzkurve für den Sättigungsgehalt x' ($\psi = 1$) trennt das ungesättigte Gebiet von den Feuchtnebel- und Eisnebelgebieten und wird von den Isothermen mit einem Knick durchsetzt. Die Sättigungslinie hat bei 0 °C ebenfalls einen Knick, entsprechend dem Verlauf der Dampfdruckkurve über Wasser und über Eis (vgl. Abb. 35). Die Linien $\psi = x/x' = \text{const}$ nach Gl. (6) teilen die Isothermen zwischen h-Achse und Grenzkurve in proportionale

Abschnitte. Da die Enthalpie der gasförmigen Phase nicht vom Druck abhängt, würde das Gebiet der ungesättigten Luft auch für andere Drücke ungeändert bleiben. Jedoch hängt x'_d nach Gl. (5) vom Gesamtdruck p ab, so daß das h, x-Diagramm nach Abb. 71 nur für einen Druck gilt. Es läßt sich mit Hilfe der abgeleiteten Beziehungen auch für andere Gas-Dampf-Gemische zeichnen.

§ 3 Zustandsänderungen feuchter Luft

Im h, x-Diagramm nach Mollier können Zustandsänderungen feuchter Luft in einfachster Weise auch quantitativ verfolgt werden. Soll z. B. feuchte Luft der Temperatur t_1 mit dem Wassergehalt x_1 getrocknet, d. h. auf einen Wassergehalt $x < x_1$ gebracht werden, so kann man sie gemäß Abb. 72 bei $x_1 = \text{const}$ bis zur Temperatur t_2 abkühlen. Im Punkt 1′ beginnt die Nebelbildung. Das System besteht im Punkt 2 aus gesättigter Luft mit dem Wassergehalt x'_2 und dem auskondensierten Wasser $x_W = x_1 - x'_2$, bezogen auf die Masse der trockenen Luft. Entfernt man die auskondensierte Wassermenge und erwärmt die gesättigte Luft längs der Linie 2′ — 3 auf die alte Temperatur t_1, so hat sie jetzt den Wassergehalt $x_3 < x_1$. Bei diesem Vorgang mußte die Wärme $q_{ab} = h_1 - h_2$ entzogen und $q_{zu} = h_3 - h'_2$ zugeführt werden. Durch Entfernen des Wassers änderte sich die auf die Masse der trockenen Luft bezogene Systementhalpie um $h'_2 - h_2$.

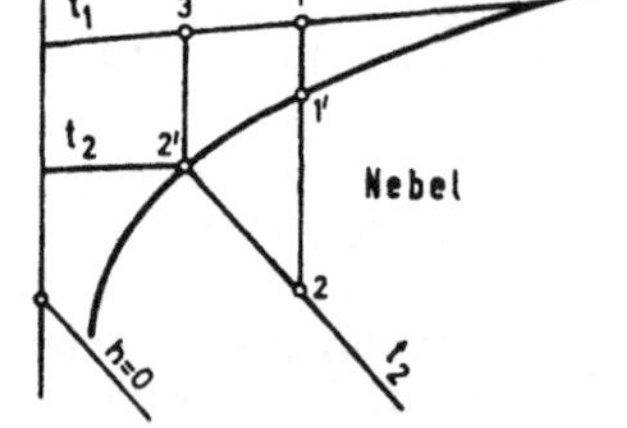

Abb. 72. Lufttrocknen durch Abkühlen

Auch Mischvorgänge lassen sich im h, x-Diagramm verfolgen. Wir nehmen an, daß zwei Ströme feuchter Luft, die die Massenströme $\dot{m}_1$ und $\dot{m}_2$ an Trockenluft mit den Wassergehalten x_1

und x_2 und den Enthalpien h_1 und h_2, bezogen auf die Masse der Trockenluft besitzen, sich adiabat, ohne Arbeitsleistung, isobar vollständig vermischen. Der Zustand nach der vollständigen Vermischung sei mit dem Index m bezeichnet. Dann gelten die Erhaltungssätze

für die Masse der Luft	$\dot{m}_1 + \dot{m}_2 = \dot{m}_m$
für die Masse des Wassers	$\dot{m}_1 x_1 + \dot{m}_2 x_2 = \dot{m}_m x_m$
für die Enthalpie	$\dot{m}_1 h_1 + \dot{m}_2 h_2 = \dot{m}_m h_m$

Änderungen der kinetischen Energie seien zu vernachlässigen.

Daraus folgt

$$\frac{x_1 - x_m}{x_m - x_2} = \frac{h_1 - h_m}{h_m - h_2} = \frac{\dot{m}_2}{\dot{m}_1} \tag{12}$$

Das bedeutet, daß der Zustandspunkt m des Gemisches auf der Verbindungsgeraden zwischen den Punkten 1 und 2 liegt und diese sogenannte Mischungsgerade im Verhältnis der Massenströme teilt (Abb. 73). Der Punkt m liegt näher an dem Zustand des größeren Massenstroms. Mischt man feuchte warme Luft (Zustand A) mit kalter Luft (Zustand B), so erhält man meist Nebel (Zustand M). Dieser Vorgang entspricht etwa dem Sichtbarwerden der Atemluft im Winter oder dem Abendnebel über einer Wasserfläche. Mischungen gesättigter Luftströme ergeben wegen der Krümmung der Grenzkurve immer Nebel.

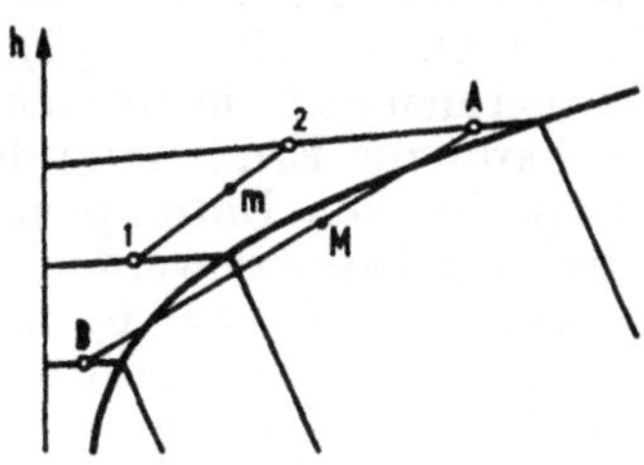

Abb. 73. Vermischung feuchter Luftmassen

Mischt man feuchte Luft (Zustand 1) mit flüssigem Wasser (etwa durch Zerstäubung) oder mit Wasserdampf (Zustand 2), so liegt der Zustandspunkt 2 im h, x-Diagramm im Unendlichen und kann daher nicht eingetragen werden. Der Zustand der Mischung (m) kann aber auch in diesem Falle aus den Bilanzen ermittelt werden. Wird dem Luftstrom $\dot{m}_l$ mit dem Wassergehalt x_1 und der Enthalpie h_1 der Wasserstrom $\dot{m}_w$ mit der spezifischen Enthalpie des Wassers h_w zugemischt, so lauten die Erhaltungssätze

für die Masse des Wassers $\dot{m}_l (x_m - x_1) = \dot{m}_w$

für die Enthalpie $\dot{m}_l (h_m - h_1) = \dot{m}_w h_w$

Daraus folgt

$$\frac{h_m - h_1}{x_m - x_1} = \frac{\Delta h}{\Delta x} = h_w \tag{13}$$

$$x_m - x_1 = \Delta x = \dot{m}_w / \dot{m}_l \tag{14}$$

Das bedeutet, daß die Richtung der Mischungsgeraden durch die spezifische Enthalpie des zugesetzten Wassers und der Punkt m durch das Verhältnis der Massenströme gegeben ist. Bei der Mischung feuchter Luft mit Dampf bleiben diese Beziehungen erhalten, wenn der Dampfstrom $\dot{m}_d$ mit der spezifischen Enthalpie h_d an die Stelle von $\dot{m}_w$ und h_w gesetzt werden. Die Mischungsgeraden für Wasser verlaufen parallel zu den Isothermen im Nebelgebiet, die der Wassertemperatur entsprechen, für Wasserdampf parallel zu den Isothermen im ungesättigten Gebiet (vgl. Tabelle in § 2). Für Temperaturen, deren Isothermen nicht mehr im h, x-Diagramm eingetragen sind, kann zur Ermittlung der Mischungsgeraden der mit spezifischen Enthalpien nach Gl. (13) bezifferte Randmaßstab benutzt werden, dessen Pol im Koordinatenursprung ($h = 0$, $x = 0$) liegt (Abb. 71). Beispiele für Mischungen feuchter Luft mit Wasser oder Dampf zeigt Abb. 74. Wird feuchter Luft von z. B. 30 °C (Punkt 1) Wasser von 20 °C beigemischt, so wird die Luft bis zum Erreichen der Grenzkurve auch bereits

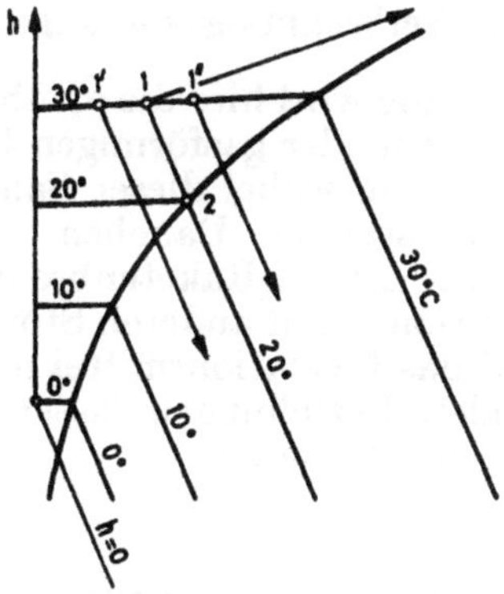

Abb. 74. Vermischung von feuchter Luft mit Wasser oder Wasserdampf

durch geringe Wasserzusätze stark gekühlt, im gezeichneten Beispiel gerade auf 20 °C (Punkt 2), weil der Punkt 1 in der Verlängerung der Nebelisotherme von 20 °C liegt. Luft vom Zustand 1′ wird auf geringere, Luft vom Zustand 1″ auf höhere Temperaturen als die Wassertemperatur gebracht. Die weitere Abkühlung im Nebelgebiet vom Punkt 1″ aus ist sehr gering und von Punkt 1 aus Null, von Punkt 1′ aus wird die Luft etwas erwärmt.

Wird feuchter Luft vom Zustand 1 überhitzter Wasserdampf beigemischt, so kann je nach dessen Enthalpie und zugesetzter Masse Nebel auftreten oder nicht. Zumischen einer ausreichenden Masse von Sattdampf ergibt immer Nebel.

X Verbrennungsvorgänge

Unter Verbrennung wird hier die exotherme Reaktion eines festen, flüssigen oder gasförmigen Brennstoffs mit Sauerstoff verstanden, wobei dieser Sauerstoff vorwiegend aus der Luft stammt. Daneben gibt es Verbrennungsvorgänge, wie z.B. in Raketenbrennkammern, bei denen auch Reaktionen mit anderen Stoffen, z.B. Fluor, vorkommen und das Oxidationsmittel mitgeführt wird. Die grundlegenden Beziehungen lassen sich auch für derartige Vorgänge anwenden.

§ 1 Brennwert und Heizwert

Das wichtigste Kennzeichen eines Brennstoffs ist die bei der Verbrennung abgegebene Energie oder Enthalpie. Da technische Verbrennungsvorgänge vorzugsweise unter konstantem Druck ablaufen (eine Ausnahme macht die Verbrennung im idealisierten Otto-Prozeß nach Abschnitt VI § 1 bei konstantem Volumen), ist die maßgebende Größe die Reaktionsenthalpie $-\Delta H_R = -(H_2 - H_1)$, wenn H_1 und H_2 die Enthalpien aller beteiligten Stoffe vor und nach der Verbrennung bedeuten. Diese Reaktionsenthalpie ΔH_R ist (ebenso wie die weiter unten benutzte Reaktionsenergie ΔU_R) in den hier behandelten Fällen stets negativ. Die Reaktionsenthalpie ΔH_R kann auf die Masse m_B oder die Stoffmenge n_B des Brennstoffs, bei gasförmigen Brennstoffen auch auf das Normvolumen $V_{n,B}$ des Brennstoffs (hier des Brenngases) bezogen werden (vgl. DIN 5499).

1. Feste und flüssige Brennstoffe. Der spezifische Brennwert H_0 (bisher auch oberer Heizwert genannt) ist durch die Gleichung

$$H_0 = -\frac{\Delta H_R}{m_B} \tag{1}$$

definiert. Für den molaren Brennwert H_o gilt die Definitionsgleichung

$$\bar{H}_0 = -\frac{\Delta H_R}{n_B} \tag{2}$$

Zwischen H_o und $\bar{H}_o$ besteht die Beziehung $\bar{H}_o/H_o = M_B$, wenn $M_B = m_B/n_B$ die molare Masse des Brennstoffs ist (vgl. Abschnitt II § 3).
Beispiel: Für amorphen Kohlenstoff mit $M_B \approx 12$ kg/kmol gilt $H_o = 33\,900$ kJ/kg und $\bar{H}_o = 406{,}8$ kJ/mol.

Die Definitionen nach Gl. (1) und (2) gelten unter folgenden Voraussetzungen:

a) Die Verbrennung ist vollständig, d.h. C ist zu CO_2, H zu H_2O und S zu SO_2 oxidiert. Ausnahmen werden besonders gekennzeichnet, z.B. durch Angabe der Reaktionsgleichung.
b) Die Temperatur aller beteiligten Stoffe ist vor und nach der Verbrennung 25 °C.
c) Kohlendioxid und Schwefeldioxid liegen in den Verbrennungsprodukten in *gasförmigem* Zustand vor.
d) Stickoxide sind nicht gebildet.
e) Das vor dem Verbrennen im Brennstoff vorhandene Wasser und das beim Verbrennen der wasserstoffhaltigen Verbindungen des Brennstoffs gebildete Wasser liegen nach der Verbrennung in *flüssigem* Zustand vor.

Durch Verbrennung in der kalorimetrischen Bombe bei konstantem Volumen wird für feste und flüssige Brennstoffe üblicherweise die Größe

$$H_{ov} = -\frac{(\Delta U)_R}{m_B} \tag{3}$$

experimentell bestimmt. Die Voraussetzungen a) bis e) bleiben dabei gültig. Zur Umrechnung von H_{ov} auf H_o gehen wir von Gl. (II 14) aus, die wir hier in der Form

$$(-\Delta H)_R - (-\Delta U)_R = -P(V_2 - V_1) = -p\,\Delta V \tag{4}$$

anschreiben. Hierin ist $p\Delta V$ die Volumenarbeit, die bei Verbrennung unter konstantem Druck aufzubringen ist. Dabei können die Volumina der festen und flüssigen Bestandteile vernachlässigt werden. Benutzt man für die gasförmigen Anteile die Zustandsgleichung des idealen Gases $pV = n R_0 T$, so erhält man aus Gl. (4) mit den Definitionen nach Gl. (1) und (3):

$$(-\Delta H)_R - (-\Delta U)_R = m_B(H_o - H_{ov})$$

$$= -(n_2 - n_1) R_0 T = -\Delta n R_0 T \qquad (5)$$

wenn n_1 und n_2 die Stoffmengen der beteiligten gasförmigen Substanzen vor und nach der Verbrennung bedeuten.

Beispiel: Die unvollständige Verbrennung von Kohlenstoff verläuft nach der Reaktionsgleichung

$$C(f) + 1/2\ O_2(g) = CO(g)$$

mit $\Delta n = +0{,}5$ mol, da das Volumen des festen Kohlenstoffs nicht gerechnet wird. Damit wird für diesen Fall mit $T = 298{,}15$ K ≙ 25 °C

$$H_o - H_{ov} = -\Delta n R_o T/m_B = -1{,}239\ \text{kJ}/m_B$$

Während bei der erwähnten kalorimetrischen Bombe das in den Verbrennungsprodukten vorhandene Wasser in der Tat gemäß obiger Voraussetzung e) in flüssigem Zustand vorliegt, ist das bei technischen Verbrennungsvorgängen im allgemeinen nicht der Fall. Man ist sogar sehr daran interessiert, das Wasser gasförmig (als Wasserdampf) abziehen zu lassen, um Korrosionen zu vermeiden. Das Wasser kann im (feuchten) Brennstoff vorhanden sein oder aus der Verbrennung wasserstoffhaltiger Verbindungen entstehen.

Für den Fall, daß das Wasser in den Verbrennungsprodukten in gasförmiger Form vorliegt, definiert man den spezifischen Heizwert H_u (bisher auch unterer Heizwert genannt), der sich aus dem spezifischen Brennwert H_o nach der Gleichung

$$H_u = H_o - r\,w \tag{6}$$

berechnen läßt, wenn $r = 2442$ kJ/kg die spezifische Verdampfungsenthalpie des Wassers bei 25 °C und $w = m_{H_2O}/m_B$ das Verhältnis der Masse des bei der Elementaranalyse anfallenden Wassers zu der Masse des trockenen Brennstoffs bedeuten. Das bei der Elementaranalyse anfallende Wasser setzt sich zusammen aus der beim Verbrennen der wasserstoffhaltigen Verbindungen des Brennstoffs gebildeten Wassermenge und aus dem Wassergehalt der Analysenprobe (vgl. DIN 51 900).

In analoger Weise wird der molare Heizwert $\bar{H}_u$ definiert, der sich aus dem molaren Brennwert $\bar{H}_o$ nach Gl. (2) nach der Gleichung

$$\bar{H}_w = \bar{H}_o - \bar{r}\,x_{H_2O} \tag{7}$$

berechnen läßt, wenn $\bar{r} = r\,M_{H_2O} = 44{,}0$ kJ/mol die molare Verdampfungsenthalpie des Wassers bei 25 °C und $x_{H_2O} = n_{H_2O}/n_B$ das Verhältnis der Stoffmenge des bei der Elementaranalyse anfallenden Wassers zu Stoffmenge des trockenen Brennstoffs bedeuten (DIN 5499).

Beispiel: Wasserfreies Benzol verbrennt vollständig nach der Reaktionsgleichung

$$C_6H_6(fl) + 7{,}5\,O_2(g) = 6\,CO_2(g) + 3\,H_2O\,(fl \text{ od. } g).$$

Mit $x_{H_2O} = 3$ wird $\bar{H}_o - \bar{H}_u = 132$ kJ/mol und

$$H_o - H_u = (\bar{H}_o - \bar{H}_u)/M\,(C_6\,H_6) = 1692 \text{ kJ/kg}$$

mit $M\,(C_6H_6) = 78$ kg/kmol

2. Gasförmige Brennstoffe. Brennwert und Heizwert gasförmiger Brennstoffe (Brenngase) werden entweder auf die Stoffmenge entsprechend den Gln. (2) und (7) oder auf das Normvolumen des Brenngases, das ist das Volumen im Normzustand bei der Normtemperatur $t_n = 0\ °C$ und dem Normdruck $p_n = 1{,}01325$ bar $=$ $= 1$ atm, bezogen (DIN 5499).

Der auf das Normvolumen bezogene Brennwert H_{on} ist definiert durch die Gleichung

$$H_{on} = \frac{-\Delta H_R}{V_{nB}} \tag{8}$$

mit V_{nB} als dem Normvolumen des trockenen Brenngases, wenn bei vollständiger Verbrennung folgende Bedingungen gelten:

a) Die Verbrennung findet bei Atmosphärendruck statt.
b) Die Temperatur aller beteiligten Stoffe ist vor und nach der Verbrennung 25 °C.
c) Die relative Feuchte aller beteiligten Gase ist vor und nach der Verbrennung 100%.
d) Das bei der Verbrennung wasserstoffhaltiger Verbindungen des Brenngases entstehende Wasser liegt in den Verbrennungsprodukten in flüssiger Form vor mit Ausnahme des Wasserdampfs nach Bedingung c).

Der so definierte Wert H_{on} wird üblicherweise im Gaskalorimeter gemessen.

Da bei der Verbrennung gasförmiger Brennstoffe in technischen Feuerungen die Verbrennungsprodukte einschließlich Wasser im wesentlichen gasförmig entweichen, hat der auf das Normvolumen bezogene Heizwert H_{un} die größere praktische Bedeutung. Er ist aus H_{on} nach der Beziehung

$$H_{un} = H_{on} - r_n\, \chi_{H_2O} \tag{9}$$

zu berechnen. Darin ist $r_n = 1960\,\text{kJ/m}^3$ die auf das Normvolumen bezogene Verdampfungsenthalpie des Wassers bei 25 °C und $\chi_{H_2O} = V_n(H_2O)/V_{nB}$ das Verhältnis des Normvolumens des bei der Elementaranalyse anfallenden Wassers zum Normvolumen des trockenen Brenngases.

Da nach Gl. (III 8) das Normvolumen der Stoffmenge proportional ist, ist bei idealem Gasverhalten $\chi_{H_2O} = x_{H_2O}$ mit x_{H_2O} aus Gl. (7). Da außerdem gilt $H_{un} = \bar{H}_u/\bar{V}_{n,id}$, wenn $\bar{V}_{n,id} = 22{,}414\,\text{m}^3/\text{kmol}$ das molare Normvolumen des idealen Gases ist, geht Gl. (9) aus Gl. (7) dadurch hervor, daß man Gl. (7) durch $\bar{V}_{n,id}$ dividiert. Es ist also auch

$$r_n = \bar{r}/\bar{V}_{n,id} = (44{,}0\,\text{kJ/mol})/(22{,}414\,\text{m}^3/\text{kmol}) \approx 1960\,\text{kJ/m}^3$$

Beispiel 1: Für die Reaktion

$$H_2(g) + 1/2\,O_2(g) = H_2O(fl)$$

wird im Durchflußkalorimeter $\bar{H}_o = 285{,}7\,\text{kJ/mol}$ gemessen. In technischen Feuerungen spielt sich aber die Reaktion

$$H_2(g) + 1/2\,O_2(g) = H_2O(g)$$

ab, für die $\bar{H}_u = \bar{H}_o - \bar{r}\,\chi_{H_2O}$ nach Gl. (7) gesucht ist. Mit $\chi_{H_2O} = 1$ (1 mol H_2 ergibt 1 mol H_2O) erhält man $\bar{H}_u = (285{,}7 - 44{,}0)\,\text{kJ/mol} = 241{,}7\,\text{kJ/mol}$.

Beispiel 2: Für die Reaktionen aus Beispiel 1 erhält man $H_{on} = \bar{H}_o/\bar{V}_{n,id} = (285{,}7\,\text{kJ/mol})/(22{,}414\,\text{m}^3/\text{kmol}) = 12\,746\,\text{kJ/m}^3$ und $H_{un} = \bar{H}_u/\bar{V}_{n,id} = 10\,783\,\text{kJ/m}^3$.

Die brennbaren Bestandteile technischer Brennstoffe sind Kohlenstoff, Wasserstoff und Schwefel. Die Heizwerte dieser Stoffe und einiger anderer sind in Tabelle 8 des Anhangs zusammengestellt. Es gelten die oben angeführten Bedingungen, insbesondere ist Wasserstoff zu

Wasserdampf oxidiert. Die Temperatur- und Druckabhängigkeit der Heizwerte kann bei technischen Rechnungen meist vernachlässigt werden.

§ 2 Menge und Zusammensetzung der Rauchgase

Da bei festen und flüssigen Brennstoffen ihre Zusammensetzung meist in Massenanteilen, bei gasförmigen Brennstoffen meist in Molenbrüchen gegeben ist, empfiehlt sich eine getrennte Betrachtung der beiden Gruppen.

1. Feste und flüssige Brennstoffe. Aus einer Elementaranalyse seien die Massenanteile c, h, s, o, n, w und a für Kohlenstoff, Wasserstoff, Schwefel, Sauerstoff, Stickstoff, Wasser und Asche bekannt. Es ist also z.B. $c = m_c/m_B$, wenn m_c die Masse des Kohlenstoffs und m_B die Masse des festen oder flüssigen Brennstoffs bedeuten. Es gilt ferner

$$c + h + s + o + n + w + a = 1$$

Aus den Reaktionsgleichungen für die 3 brennbaren Bestandteile

$$\begin{aligned} \mathrm{C} \;\;&+ \mathrm{O_2} = \mathrm{CO_2} \\ \mathrm{H_2} &+ 1/2\,\mathrm{O_2} = \mathrm{H_2O} \\ \mathrm{S} \;\;&+ \mathrm{O_2} = \mathrm{SO_2} \end{aligned}$$

folgt z.B., daß

$$\left.\begin{matrix} 12\ \mathrm{kg\ C} \\ 1\ \mathrm{kmol\ C} \end{matrix}\right\} \text{mit} \left\{\begin{matrix} 32\ \mathrm{kg\ O_2} \\ 1\ \mathrm{kmol\ O_2} \end{matrix}\right\} \text{zu} \left\{\begin{matrix} 44\ \mathrm{kg\ CO_2} \\ 1\ \mathrm{kmol\ CO_2} \end{matrix}\right.$$

reagieren. Für die Massen gilt der Erhaltungssatz, für die Stoffmengen im allgemeinen nicht.

Den Sauerstoffbedarf für eine stöchiometrische Verbrennung (Mindestsauerstoffbedarf) und die Zusammensetzung der Rauchgase erhält man aus folgenden Beziehungen:

$$c\,\frac{\text{kg C}}{\text{kg B}} \text{ reagieren mit } \frac{c}{12}\,\frac{\text{kmol O}_2}{\text{kg B}} \text{ zu } \frac{c}{12}\,\frac{\text{kmol CO}_2}{\text{kg B}}$$

$$h\,\frac{\text{kg H}_2}{\text{kg B}} \text{ reagieren mit } \frac{h}{4}\,\frac{\text{kmol O}_2}{\text{kg B}} \text{ zu } \frac{h}{2}\,\frac{\text{kmol H}_2\text{O}}{\text{kg B}}$$

$$s\,\frac{\text{kg S}}{\text{kg B}} \text{ reagieren mit } \frac{s}{32}\,\frac{\text{kmol O}_2}{\text{kg B}} \text{ zu } \frac{s}{32}\,\frac{\text{kmol SO}_2}{\text{kg B}}$$

$$o\,\frac{\text{kg O}_2}{\text{kg B}} \text{ ergeben im Rauchgas } \frac{o}{32}\,\frac{\text{kmol O}_2}{\text{kg B}}$$

$$n\,\frac{\text{kg N}_2}{\text{kg B}} \text{ ergeben im Rauchgas } \frac{n}{28}\,\frac{\text{kmol N}_2}{\text{kg B}}$$

$$w\,\frac{\text{kg H}_2\text{O}}{\text{kg B}} \text{ ergeben im Rauchgas } \frac{w}{18}\,\frac{\text{kmol H}_2\text{O}}{\text{kg B}}$$

In diesen Ausdrücken bedeuten c usw. die Zahlenwerte. Da der Aschegehalt a im Brennraum in fester oder flüssiger Form ausgetragen wird, kann er im folgenden außer Betracht bleiben.

Damit wird der Mindestsauerstoffbedarf O_{min}, bezogen auf die Masse m_B des Brennstoffs

$$O_{\text{min}} = \frac{n(\text{O}_2)}{m_B} = \frac{c}{12} + \frac{h}{4} + \frac{s}{32} - \frac{o}{32} \text{ z.B. in } \frac{\text{kmol}}{\text{kg}} \qquad (10)$$

Oft wird das Normvolumen $V_n(\text{O}_2)$ des notwendigen Sauerstoffs, bezogen auf die Brennstoffmasse m_B gebraucht. Dieses berechnet sich zu

$$O^*_{\text{min}} = \frac{V_n(\text{O}_2)}{m_B} = O_{\text{min}}\,\frac{V_n(\text{O}_2)}{n(\text{O}_2)} =$$

$$= 22{,}4\left(\frac{c}{12} + \frac{h}{4} + \frac{s}{32} - \frac{o}{32}\right) =$$

$$= 1{,}87\,c + 5{,}6\,h + 0{,}7\,s - 0{,}7\,o \quad \text{z.B. in } \frac{\text{m}^3}{\text{kg}} \qquad (11)$$

mit dem molaren Normvolumen des idealen Gases

$$\overline{V}_{n,id} = 22{,}4 \text{ m}^3/\text{kmol}$$

Für das Verhältnis der Masse des notwendigen Sauerstoffs $m\,(O_2)$ für Brennstoffmasse m_B erhält man

$$O_{\min}^{**} = \frac{m(O_2)}{m_B} = O_{\min} \frac{m(O_2)}{n(O_2)} =$$

$$= 32\left(\frac{c}{12} + \frac{h}{4} + \frac{s}{32} - \frac{o}{32}\right) =$$

$$= 2{,}67\,c + 8\,h + s - o \quad \text{z.B. in } \frac{\text{kg}}{\text{kg}} \tag{12}$$

mit $M\,(O_2) = m\,(O_2)/n\,(O_2) = 32$ kg/kmol als der molaren Masse des Sauerstoffs.

Da wir vorausgesetzt haben, daß der zur Verbrennung notwendige Sauerstoff aus der Luft stammt, erhalten wir für trockene Luft mit dem Molenbruch $n\,(O_2)/n\,(\text{Luft}) = 0{,}21$ und dem Massenverhältnis $m\,(O_2)/m\,(\text{Luft}) = 0{,}232$ (nach Abschnitt III § 4) folgende Beziehungen für den Mindestluftbedarf bei vollständiger Verbrennung:

$$L_{\min} = \frac{n(\text{Luft})}{m_B} = \frac{n(\text{Luft})}{n(O_2)} O_{\min} = \frac{O_{\min}}{0{,}21} \text{ z.B. in } \frac{\text{kmol}}{\text{kg}} \tag{13}$$

$$L_{\min}^{*} = \frac{V_n(\text{Luft})}{m_B} = \frac{V_n(\text{Luft})}{V_n(O_2)} O_{\min}^{*} = \frac{O_{\min}^{*}}{0{,}21} \text{ z.B. in } \frac{\text{m}^3}{\text{kg}} \tag{14}$$

$$L_{\min}^{**} = \frac{m(\text{Luft})}{m_B} = \frac{m(\text{Luft})}{m(O_2)} O_{\min}^{**} = \frac{O_{\min}^{**}}{0{,}232} \text{ z.B. in } \frac{\text{kg}}{\text{kg}} \tag{15}$$

In praktischen Fällen braucht man zur vollständigen Verbrennung einen höheren als den Mindestluftbedarf. Man definiert das Luftverhältnis:

$$\lambda = L/L_{\min} \tag{16}$$

mit L als der tatsächlichen Luftmenge. Für $\lambda > 1$ hat man Luftüberschuß und für $\lambda < 1$ Luftmangel und damit unvollständige Verbrennung.

Die Rauchgase haben nach den obigen Betrachtungen folgende Zusammensetzung, bezogen auf die Brennstoffmasse m_B:

Komponente i im Rauchgas	n_i/m_B kmol/kg	$V_n(\mathrm{i})/m_B$ m³/kg	m_i/m_B kg/kg
CO_2	$\frac{c}{12}$	$1{,}867\,c$	$3{,}67\,c$
H_2O	$\frac{h}{2} + \frac{w}{18}$	$11{,}2\,h + 1{,}245\,w$	$9\,h + w$
SO_2	$\frac{s}{32}$	$0{,}7\,s$	$2\,s$
O_2	$0{,}21\,(\lambda - 1)\,L_{\min}$	$0{,}21\,(\lambda - 1)\,L^*_{\min}$	$0{,}232\,(\lambda - 1)\,L^{**}_{\min}$
N_2	$\frac{n}{28} + 0{,}79\,\lambda\,L_{\min}$	$0{,}8\,n + 0{,}79\,\lambda\,L^*_{\min}$	$n + 0{,}768\,\lambda\,L^{**}_{\min}$

Das Massenverhältnis o ist bereits bei der Ermittlung von $O_{\min}$ bzw. $L_{\min}$ berücksichtigt. Es wurde überall mit gerundeten Werten der molaren Masse gerechnet. Die Rauchgase wurden als ideale Gase betrachtet. Bei feuchter Verbrennungsluft ist bei der Zusammensetzung der Rauchgase noch der eingetragene Wasserdampf zu berücksichtigen.

2. *Gasförmige Brennstoffe.* Bei gasförmigen Brennstoffen sind folgende Elementarreaktionen von Bedeutung.

$$CO + 1/2\,O_2 = CO_2$$

$$H_2 + 1/2\,O_2 = H_2O$$

$$C_x H_y + \left(x + \frac{y}{4}\right) O_2 = x\,CO_2 + \frac{y}{2}\,H_2O\,; \quad x, y = 1, 2, 3 \ldots$$

Die letzte dieser Reaktionsgleichungen steht für die Gruppe der Kohlenwasserstoffe. Den Sauerstoffbedarf definieren wir bei gasförmigen Brennstoffen als Stoffmenge des notwendigen Sauerstoffs, bezogen auf die Stoffmenge des Brennstoffs, also in der Form

$$O^+_{\min} = \frac{n(O_2)}{n_B} \tag{17}$$

Sofern die Gase als ideal angesehen werden können, ist dieser Ausdruck gleich dem Volumenverhältnis $V(O_2)/V_B$, beide Volumina im gleichen Zustand, z. B. auch im Normzustand betrachtet.

Aus den obigen Reaktionsgleichungen lesen wir ab:

$$O^+_{\min} = 0{,}5(CO + H_2)_B + \Sigma\left[\left(x + \frac{y}{4}\right)(C_x\,H_y)_B\right] -$$

$$- (O_2)_B \quad \text{z. B. in } \frac{\text{mol}}{\text{mol}} \tag{18}$$

Darin ist z. B. $(CO)_B$ der Molenbruch des CO im Brennstoff, also $(CO)_B = n(CO)_B/n_B$. Der Luftbedarf für trockene Luft berechnet sich daraus zu

$$L^+_{\min} = \frac{n(\text{Luft})}{n_B} = \frac{n(\text{Luft})}{n(O_2)}\,O^+_{\min} = \frac{O^+_{\min}}{0{,}21} \tag{19}$$

Das Luftverhältnis λ wird hier durch $\lambda = L^+/L^+_{\min}$ definiert [siehe Gl. (16)].

Bezeichnet z. B. $(CO_2)_R = n(CO_2)_R/n_R$ den Molenbruch des CO_2 im Rauchgas*), so erhält man aus den

*) Beachte daß $(CO_2)_R \cdot \frac{n_R}{n_B} = \frac{n(CO_2)_R}{n_B} \neq (CO_2)_B = \frac{n(CO_2)_B}{n_B}$

obigen Reaktionsgleichungen folgende Zusammensetzung der Rauchgase:

$$(CO_2)_R \cdot \frac{n_R}{n_B} = (CO_2)_B + (CO)_B + \Sigma\,[x(C_x H_y)_B]$$

$$(H_2O)_R \cdot \frac{n_R}{n_B} = (H_2)_B + (H_2O)_B + \Sigma\left[\frac{y}{2}(C_x H_y)_B\right]$$

$$(O_2)_R \cdot \frac{n_R}{n_B} = (\lambda - 1)\, O^+_{\min} = 0{,}21\, L^+ - O^+_{\min}$$

$$(N_2)_R \cdot \frac{n_R}{n_B} = (N_2)_B + 0{,}79\, L^+$$

Dieses sind echte physikalische Gleichungen im Gegensatz zu den chemischen Reaktionsgleichungen. Zur Auswertung dieser Gleichungen braucht man noch das Stoffmengenverhältnis n_R/n_B von Rauchgas zu Brennstoff.

In den Brennraum eingetragen werden die Stoffmengen n_B und n(Luft), bei der Reaktion ändert sich die Stoffmenge um Δn, so daß die ausgetragene Stoffmenge der Rauchgase $n_R = n_B + n(\text{Luft}) + \Delta n$ wird. Für das gesuchte Stoffmengenverhältnis erhält man aus den obigen Reaktionsgleichungen

$$\frac{n_R}{n_B} = 1 + \frac{n(\text{Luft})}{n_B} - 0{,}5\,[(CO)_B + (H_2)_B] + + \Sigma\left[\left(\frac{y}{4} - 1\right)(C_x H_y)_B\right] \qquad (20)$$

wobei $n(\text{Luft})/n_B = L^+ = \lambda\, L^+_{\min}$ ist.

Beispiel: Reines Äthan C_2H_4 soll mit der Mindestmenge von Sauerstoff verbrennen. Mit $(C_xH_y)_B = 1$, ferner mit $x = 2$ und $y = 4$ wird nach Gl. (18) $O^+_{\min} = n(O_2)/n_B = 2 + 1 = 3$. Dieser Wert tritt an die

Stelle von $n(\text{Luft})/n_B$ in Gl. (20). Aus dieser Gleichung erhält man dann

$$\frac{n_R}{n_B} = 1 + 3 + 0 = 4\ \text{mol/mol}$$

§ 3 Reversible Verbrennung. Brennstoffelement

Die bisher behandelten Verbrennungsvorgänge verlaufen im allgemeinen fernab vom Gleichgewicht, sie sind also im Sinne von Abschnitt IV § 6 spontane Zustandsänderungen mit hoher Triebkraft. Sie sind irreversibel in dem Sinne, daß gar kein Versuch unternommen wird, um die bei reversibler Reaktionsführung entstehende Arbeit auch zu gewinnen. Man strebt vielmehr in der Praxis eine hohe Raum-Zeit-Ausbeute an durch Verkleinerung der Brennkammern bei erhöhtem Durchsatz. Die Verbrennungsreaktion dient nur zur Erzeugung heißer Gase, die entweder das Arbeitsmedium sind (Verbrennungsmotoren, Strahltriebwerke) oder dieses durch Wärmeübertragung heizen (Dampfkraftwerke). Wirkungsgrade von etwas über 40% sind heutige Bestleistungen. — In der chemischen Industrie steht die Gewinnung reiner Produkte bei hoher Ausbeute im Vordergrund. Die reversible Arbeit der chemischen Reaktionen ist auch hier ohne praktisches Interesse.

Es ist bisher nur in einer Anordnung gelungen, die reversible Arbeit chemischer Reaktionen in technischem Maßstab unmittelbar zu gewinnen, in dem man die Reaktion über definierte Zwischenzustände leitet, in denen elektrisch geladene Teilchen (Ionen, Elektronen) auftreten. Der geordnete Strom solcher Teilchen stellt einen elektrischen Strom dar, der elektrische Arbeit leisten kann. Obwohl hierbei auch Reaktionen angewendet werden, die keine Verbrennungsreaktionen im Sinne dieses Abschnitts sind, hat sich für eine solche Anordnung die Beziehung Brennstoffelement (fuel cell) eingebürgert. Abb. 75 zeigt ein Beispiel.

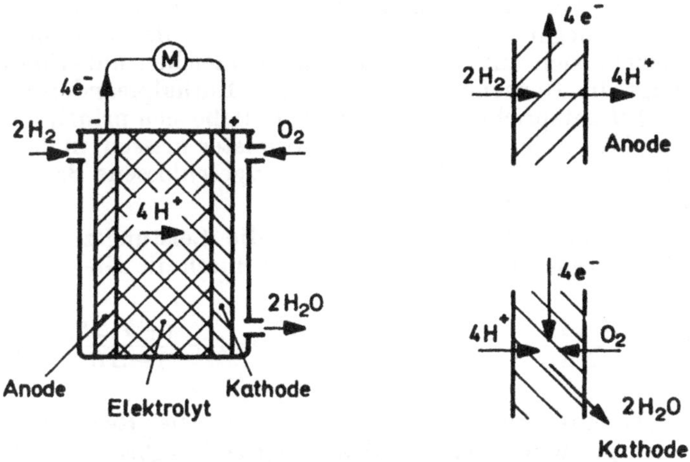

Abb. 75. Brennstoffelement für die Bruttoreaktion $2H_2 + O_2 \rightarrow 2H_2O$. Rechts vergrößert die Anoden- und Kathodenreaktionen.

Es handelt sich hierbei um die Knallgasverbrennung, die in folgenden Teilreaktionen vor sich geht:

an der Anode: $2H_2 \rightarrow 4H^+ + 4e^-$

an der Kathode: $O_2 + 4H^+ + 4e^- \rightarrow 2H_2O$

Bruttoreaktion: $2H_2 + O_2 \rightarrow 2H_2O$

Die elektrische Arbeit wird von dem durch den äußeren Stromkreis fließenden Strom aufgebracht. Die auf die Stromstärke Null extrapolierte elektrische Arbeit ist gleich der reversiblen Arbeit der Reaktion.

Nach den Ausführungen in Abschnitt IV § 6 ist diese reversible oder maximale Arbeit bei isobarer Reaktionsführung gleich der Abnahme der freien Enthalpie (des Gibbs-Potentials) ΔG. Zur Änderung der Reaktionsenthalpie und -Entropie besteht eine Beziehung nach Gl. (IV 63), die wir in der Form

$$(-\Delta G) = (-\Delta H) + (\pm T\,\Delta S) \qquad (21)$$

anschreiben, da ΔG und ΔH in den hier betrachteten Fällen negativ sind. (Das Vorzeichen in der Klammer bezieht sich auf die Größe, das Vorzeichen außerhalb zeigt die Rechenoperation an). Die Enthalpieänderung $-\Delta H$ entspricht dem Heizwert; er ließe sich prinzipiell als Wärmetönung in einem Kalorimeter messen, in dem sich die über einen Widerstand kurzgeschlossene Brennstoffzelle befindet.

Von besonderem Interesse ist die Leistungsziffer ε eines Brennstoffelements, definiert durch die Gleichung

$$\varepsilon = \frac{(-\Delta G)}{(-\Delta H)} = \frac{(-\Delta H) + (\pm T\,\Delta S)}{(-\Delta H)} = 1 + \frac{(\pm T\,\Delta S)}{(-\Delta H)} \qquad (22)$$

Hieraus folgt $\varepsilon > 1$ für $\Delta S > 0$. Die Reaktionsentropie wird nach der Beziehung $\Delta S = \sum \nu_i S_i$ durch Summierung über alle i Reaktionsteilnehmer mit den stöchiometrischen Koeffizienten ν_i gebildet. S_i sind hier die absoluten Entropien, die unter Benutzung des Nernstschen Wärmesatzes berechenbar sind (vgl. Abschnitt IV § 7). Da die Entropien der Gase von untereinander vergleichbarer Größenordnung und wesentlich größer als die der festen und flüssigen Reaktionsteilnehmer sind, ist eine hohe Entropiezunahme bei Reaktionen mit Zunahme der Stoffmenge der gasförmigen Partner $\Delta n(g)$ zu erwarten.

Beispiel: Bei der Reaktion $C(f) + 1/2\, O_2(g) = CO(g)$ ist $\Delta n(g) = 0{,}5$ mol. Bei 25 °C ist $-\overline{\Delta H} = 110{,}6$ kJ/mol und $-\overline{\Delta G} = 137{,}4$ kJ/mol, bezogen auf 1 mol C. Damit wird $\varepsilon = 1{,}24$. Die Entropiezunahme ist $\overline{\Delta S} = (26\,800$ J/mol)/298 K $= 89{,}9$ J/(mol K).

Der Ausdruck $\pm T\,\Delta S$ in den Gl. (21) und (22) stellt jene Wärmemenge dar, die zwischen der Umgebung oder einem Nachbarsystem und dem reagierenden System ausgetauscht wird, um dessen Temperatur T konstant zu halten.

Für $\Delta S > 0$ nimmt das reagierende System aus der Umgebung Wärme auf. Um diese Wärmemenge ist die reversible Arbeit $-\Delta G$ größer als der Heizwert $-\Delta H$. Daher ist $\varepsilon > 1$. Die Gesamtentropie bleibt konstant, da die Umgebungsentropie sich gegensinnig zur Systementropie ändert.

Mit Kenntnis der Reaktionsentropie ΔS ist auch die Temperaturabhängigkeit von $-\Delta G$ bekannt, denn aus Gl. (IV 64) folgt

$$\left(\frac{\partial(-\Delta G)}{\partial T}\right)_p = \Delta S \tag{23}$$

Mit $\Delta S > 0$ steigt die reversible Arbeit $-\Delta G$ mit steigender Temperatur. Da $-\Delta H$ wenig von der Temperatur abhängt [vgl. Kirchhoffsche Beziehung Gl. (IV 74)], steigt dann meist auch ε.

Die Druckabhängigkeit von $-\Delta G$ läßt sich nach Gl. (IV 25) berechnen zu

$$\left(\frac{\partial(-\overline{\Delta G})}{\partial p}\right)_T = -\Delta V = -\frac{R_0 T}{p} \Sigma \nu_i \tag{24}$$

Man erhält also bei steigendem Druck höhere Ausbeuten für Reaktionen mit Volumenabnahme.

Die reversible Arbeit läßt sich auch als elektrische Arbeit in der Form

$$-\overline{\Delta G} = z\, e\, N_A\, E = z\, F\, E \tag{25}$$

anschreiben. Darin bedeuten z die Zahl der beteiligten Elementarladungen e, N_A die Avogadro-Konstante, $F = e\, N_A = 9{,}6485\; 10^4$ A s/mol die Faraday-Konstante und E die Klemmenspannung des Elements bei gegen Null konvergierendem Strom.

Für die Temperaturabhängigkeit von E erhält man aus Gl. (23) die Beziehung

$$\left(\frac{\partial E}{\partial T}\right)_p = \frac{\Delta S}{zF} = \frac{\Sigma \nu_i S_i}{zF} \tag{26}$$

und für die Druckabhängigkeit von E aus Gl. (24)

$$\left(\frac{\partial E}{\partial p}\right)_T = -\frac{\Delta \bar{V}}{z F} = -\frac{R_0 T}{z F p} \Sigma \nu_i \tag{27}$$

Beispiel: Bei der Reaktion $H_2(g) + 0{,}5\, O_2(g) = H_2O(g)$ ist $\sum \nu_i = -0{,}5$ und $z = 2$. Bei $T = 1000$ K und dem Normdruck $p_n = 1{,}01325$ bar erhält man aus Gl. (27) $(\partial E/\partial p)_T = 21{,}26$ mV/bar.

Unter Benutzung von Gl. (25) kann man auch die Gibbs-Helmholtz-Gleichung (IV 65) für die Klemmenspannung E anschreiben und erhält

$$E = \frac{(-\Delta \bar{H})}{z F} + T\left(\frac{\partial E}{\partial T}\right)_p \tag{28}$$

Das ist die ursprünglich von Helmholtz mitgeteilte Form. Da alle Terme von Gl. (28) einzeln meßbar sind, diente sie früher auch zum experimentellen Beweis des zweiten Hauptsatzes. In der älteren Literatur ist der Ausdruck $T(\partial E/\partial T)_p$ als „Helmholtz-Wärme" bezeichnet (vgl. Abschnitt IV § 6 Ziffer 4).

Die nachfolgende Tabelle zeigt die thermodynamischen Daten einiger Reaktionen in Brennstoffelementen unter Atmosphärendruck bei 25 °C (Wasser flüssig) und 125 °C (Wasser dampfförmig). Demnach entspricht $-\Delta H$ bei 25 °C dem Brennwert und bei 125 °C dem Heizwert, was bei Vergleichen mit Tabelle 8 des Anhangs zu beachten ist. Die Zahlen dieser Tabelle bestätigen die gemachten Aussagen über die Leistungsziffer ε und ihre Temperaturabhängigkeit. Sie zeigen außerdem, daß in den meisten Fällen $E \approx 1$ Volt ist. Bemerkenswerte Ausnahme ist die Reaktion von festem Lithium mit gasförmigem Chlor zu gasförmigem Lithiumchlorid mit $E = 3{,}53$ Volt bei 150 °C. Die technische Verwirklichung solcher oder anderen Reaktionen ist auch immer ein wirtschaftliches Problem. Die Entwicklung ist in vollem Gange.

Thermodynamische Daten einiger Reaktionen in Brennstoffelementen (nach J. O'. M. Bockris und S. Srinivasan: Fuel Cells: Their Electrochemistry. New York usw. 1969)

Reaktion bei 25 °C: $H_2O(fl)$ *bei 150 °C: $H_2O(g)$*	$-\Delta\bar{G}$ kJ/mol	$-\Delta\bar{H}$ kJ/mol	z —	$\Delta n(g)$ mol	E Volt	ε —
$H_2 + \frac{1}{2} O_2 = H_2O$	237,34 *221,6*	285,7 *243,4*	2 *2*	−1,5 *−0,5*	1,229 *1,15*	0,830 *0,910*
$CH_4 + 2\,O_2 = CO_2 + 2\,H_2O$	818,5 *800,9*	890,7 *801,4*	8 *8*	−2 *0*	1,060 *1,037*	0,919 *0,999*
$C_2H_6 + \frac{7}{2} O_2 = 2\,CO_2 + 3\,H_2O$	1468,4 *1452,8*	1560,9 *1426,3*	14 *14*	−2,5 *0,5*	1,087 *1,075*	0,941 *1,019*
$C_3H_8 + 5\,O_2 = 3\,CO_2 + 4\,H_2O$	2109,8 *2091,5*	2221,1 *2042,4*	20 *20*	−3 *1*	1,093 *1,083*	0,950 *1,024*
$C_4H_{10} + 6{,}5\,O_2 = 4\,CO_2 + 5\,H_2O$	2749,6 *2729,5*	2820,5 *2655,6*	26 *26*	−3,5 *1,5*	1,095 *1,087*	0,955 *1,082*
$C_5H_{12} + 8\,O_2 = 5\,CO_2 + 6\,H_2O$	3389,1 *3370,3*	3538,6 *3270,7*	32 *32*	−4 *1*	1,079 *1,091*	0,958 *1,030*
$NH_3 + \frac{3}{4} O_2 = \frac{1}{2} N_2 + \frac{3}{2} H_2O$	356,0 *197,9*	382,8 *323,6*	3 *3*	−1,25 *0,25*	1,225 *0,6835*	0,930 *0,612*
$C + \frac{1}{2} O_2 = CO$	137,4 *151,1*	110,6 *110,2*	2 *2*	0,5 *0,5*	0,711 *0,782*	1,242 *1,372*
$C + O_2 = CO_2$	394,6 *395,1*	393,7 *393,9*	4 *4*	0 *0*	1,022 *1,023*	1,002 *1,003*
$CO + \frac{1}{2} O_2 = CO_2$	257,3 *243,9*	283,0 *283,7*	2 *2*	−0,5 *−0,5*	1,333 *1,263*	0,909 *0,860*
$Li + \frac{1}{2} Cl_2 = Li\,Cl$	242,8 *340,7*	221,9 *217,8*	1 *1*	0,5 *0,5*	2,515 *3,529*	1,094 *1,565*

Anhang

Tabelle 1. Druckeinheiten

$1\ \mathrm{N/m^2} = 1\ \mathrm{Pa}$; $1\ \mathrm{bar} = 10^5\ \mathrm{Pa}$; $1\ \mathrm{at} = 1\ \mathrm{kp/cm^2}$;
$1\ \mathrm{atm} = 760\ \mathrm{Torr}$

	bar	at	atm	Torr
bar	**1**	1,01972	0,986923	750,062
at	0,98066**5**	**1**	0,967841	735,559
atm	1,0132**5**	1,033227	**1**	**760**
Torr	$1{,}333224 \cdot 10^{-3}$	$1{,}35951 \cdot 10^{-3}$	$1{,}315789 \cdot 10^{-3}$	**1**

Tabelle 2. Energieeinheiten

$1\ \mathrm{J} = 1\ \mathrm{Nm} = 1\ \mathrm{Ws} = 1\ \mathrm{kg\ m^2/s^2}$

	J	kpm	kcal	kWh
J	**1**	0,101972	$2{,}3885 \cdot 10^{-4}$	$2{,}778 \cdot 10^{-7}$
kpm	9,80665	**1**	$2{,}3423 \cdot 10^{-3}$	$2{,}7241 \cdot 10^{-6}$
kcal	4186,**8**	426,935	**1**	$1{,}163 \cdot 10^{-3}$
kWh	$3{,}6 \cdot 10^6$	$3{,}671 \cdot 10^5$	859,845	**1**

Die halbfett gesetzten Ziffern bedeuten, daß diese letzte Stelle genau (nach Definition) gilt.

Tabelle 3. Thermodynamische Daten von Gasen. Der Index n kennzeichnet den Normzustand

Gas	M_r	R $\frac{kJ}{kg\,K}$	ϱ_n $\frac{kg}{m^3}$	c_{pn} $\frac{kJ}{kg\,K}$	c_{vn} $\frac{kJ}{kg\,K}$	$\varkappa = c_{pn}/c_{vn}$
H_2	2,0159	4,1243	0,0899	14,38	10,25	1,403
He	4,0026	2,0772	0,1786	5,194	3,117	1,666
N_2	28,0134	0,2968	1,2498	1,039	0,742	1,400
O_2	31,9988	0,2598	1,4278	0,908	0,649	1,401
Ne	20,183	0,4119	0,9006	1,030	0,618	1,666
Luft	28,964	0,2870	1,2922	1,004	0,718	1,398
CO	28,011	0,2968	1,2498	1,039	0,742	1,400
CO_2	44,011	0,1889	1,9637	0,821	0,632	1,299
SO_2	64,063	0,1298	2,8579	0,607	0,477	1,272
NH_3	17,028	0,4883	0,7597	2,055	1,565	1,313
CH_4	16,039	0,5184	0,7156	2,179	1,661	1,312
C_2H_4	28,050	0,2963	1,2519	1,470	1,174	1,252
C_2H_6	30,065	0,2765	1,3416	1,649	1,363	1,210

Tabelle 4. Spezifische Wärmekapazität c_p von reinem Wasser bei $p = 1{,}01325$ bar

t in °C		0	20	40	60	80	100
c_p	kJ/kg K	4,2174	4,1816	4,1783	4,1841	4,1961	4,2156
	kcal/kg K	1,0073	0,9988	0,9980	0,9994	1,0022	1,0069

Tabelle 5. Molare Wärmekapazitäten $\bar{C}_p$ von Gasen in kJ/kmol K als Funktion der Temperatur t in °C beim Druck $p = 0$

$$\bar{C}_v \approx \bar{C}_p - R_0;\ R_0 = 8{,}314\ \text{kJ/kmol K};\ c_p = \bar{C}_p/M;$$
$$c_v = \bar{C}_v/M;\ M = M_r\ \text{kg/kmol}$$

t	H_2	N_2	O_2	CO	H_2O	CO_2	Luft
0	28,6	29,1	29,3	29,1	33,5	36,1	29,1
100	29,1	29,2	29,9	29,3	34,1	40,3	29,3
200	29,3	29,5	30,8	29,7	34,9	43,8	29,7
300	29,3	30,0	31,9	30,3	36,0	46,7	30,3
400	29,4	30,6	32,8	31,0	37,2	49,0	31,0
500	29,6	31,3	33,6	31,7	38,4	51,0	31,6
600	29,8	31,9	34,2	32,4	39,7	52,6	32,3
700	30,1	32,6	34,7	33,1	41,0	54,0	32,9
800	30,5	33,1	35,2	33,6	42,2	55,2	33,4
900	30,9	33,6	35,6	34,1	43,5	56,2	33,9
1000	31,3	34,1	35,9	34,5	44,7	57,0	34,3
1100	31,7	34,4	36,2	34,9	45,8	57,8	34,7
1200	32,2	34,8	36,5	35,2	46,9	58,4	35,0
1300	32,6	35,1	36,7	35,4	47,8	59,0	35,3
1400	33,0	35,3	37,0	35,7	48,7	59,5	35,5
1500	33,4	35,6	37,2	35,9	49,6	59,9	35,8
1600	33,8	35,8	37,5	36,1	50,3	60,3	36,0
1700	34,1	35,9	37,7	36,2	51,1	60,6	36,2
1800	34,4	36,1	38,0	36,4	51,7	60,9	36,4
1900	34,8	36,2	38,2	36,5	52,3	61,2	36,5
2000	35,0	36,4	38,4	36,6	52,9	61,4	36,7
2100	35,4	36,5	38,6	36,7	53,4	61,7	36,8
2200	35,6	36,6	38,8	36,8	53,9	61,9	36,9
2300	35,9	36,7	39,0	36,9	54,3	62,1	37,0
2400	36,1	36,8	39,2	37,0	54,7	62,3	37,2
2500	36,3	36,9	39,4	37,1	55,0	62,4	37,3
2600	36,5	37,0	39,6	37,2	55,3	62,6	37,4
2700	36,7	37,1	39,8	37,2	55,6	62,8	37,5
2800	37,0	37,2	40,0	37,3	55,8	62,9	37,6
2900	37,1	37,2	40,1	37,3	56,1	63,1	37,7
3000	37,3	37,2	40,3	37,4	56,4	63,3	37,7
M_r	2,016	28,01	31,99	28,01	18,01	44,01	28,96

Tabelle 6. Tripelpunktsdaten (Index T) und kritische Daten (Index k)

	t_T	p_T	t_k	p_k	ϱ_k
Stoff	°C	mbar	°C	bar	kg/m³
H_2	−259,2	71,8	−239,9	12,97	31
N_2	−210,0	125,3	−147,0	33,9	311
O_2	−218,5	2,0	−118,4	50,4	410
Br_2	− 7,4	60,9	302,0	103,3	1180
H_2O	0,01	6,108	374,15	221,2	315
CO_2	− 56,8	5210	31,04	73,9	468
NH_3	− 77,7	57,9	132,3	112,8	235
CCl_4	− 22,7	10,5	283,1	45,6	558
Methylalkohol			240,0	100,3	272
Äthylalkohol			243,1	63,8	276
Benzol	5,4	48,1	288,4	48,6	300
Naphthalin	80,0	9,9	468,2	39,7	304
Kampfer	175,0	472,0			

t	T	p	v'	v''
°C	K	bar	dm^3/kg	m^3/kg
0	273,15	0,00611	1,0002	206,3
10	283,15	0,01227	1,0003	106,4
20	293,15	0,02337	1,0017	57,84
30	303,15	0,04241	1,0043	32,93
40	313,15	0,07375	1,0078	19,55
50	323,15	0,12335	1,0121	12,05
60	333,15	0,1992	1,0171	7,679
70	343,15	0,3116	1,0228	5,046
80	353,15	0,4736	1,0292	3,409
90	363,15	0,7011	1,0361	2,361
100	373,15	1,0133	1,0437	1,673
110	383,15	1,4327	1,0519	1,210
120	393,15	1,9854	1,0606	0,8915
130	403,15	2,7013	1,0700	0,6681
140	413,15	3,614	1,0801	0,5085
150	423,15	4,760	1,0908	0,3924
160	433,15	6,181	1,1022	0,3068
170	443,15	7,920	1,1145	0,2426
180	453,15	10,027	1,1275	0,1938
190	463,15	12,551	1,1415	0,1563
200	473,15	15,549	1,1565	0,1272
210	483,15	19,077	1,1726	0,1042
220	493,15	23,198	1,1900	0,08604
230	503,15	27,976	1,2087	0,07145
240	513,15	33,478	1,2291	0,05965
250	523,15	39,78	1,2513	0,05004
260	533,15	46,94	1,2756	0,04213
270	543,15	55,06	1,3025	0,03559
280	553,15	64,20	1,3324	0,03013
290	563,15	74,46	1,3659	0,02554
300	573,15	85,93	1,4041	0,02165
310	583,15	98,70	1,448	0,01833
320	593,15	112,89	1,499	0,01548
330	603,15	128,63	1,562	0,01299
340	613,15	146,05	1,639	0,01078
350	623,15	165,35	1,741	0,008799
360	633,15	186,75	1,896	0,006940
370	643,15	210,54	2,21	0,00497
374,15	647,30	221,20	3,17	0,00317

h'	h''	r	s'	s''
kJ/kg		kJ/kg	kJ/kg K	
—0,04	2501,6	2501,6	—0,0002	9,1577
41,99	2519,9	2477,9	0,1510	8,9020
83,86	2538,2	2454,3	0,2963	8,6684
125,66	2556,4	2430,7	0,4365	8,4546
167,45	2574,4	2406,9	0,5721	8,2583
209,26	2592,2	2382,9	0,7035	8,0776
251,09	2609,7	2358,6	0,8310	7,9108
292,97	2626,9	2334,0	0,9548	7,7565
334,92	2643,8	2308,8	1,0753	7,6132
376,94	2660,1	2283,2	1,1925	7,4799
419,06	2676,0	2256,9	1,3069	7,3554
461,32	2691,3	2230,0	1,4185	7,2388
503,7	2706,0	2202,2	1,5276	7,1293
546,3	2719,9	2173,6	1,6344	7,0261
589,1	2733,1	2144,0	1,7300	6,9284
632,2	2745,4	2113,2	1,8416	6,8358
675,5	2756,7	2081,3	1,9425	6,7475
719,1	2767,1	2047,9	2,0416	6,6630
763,1	2776,3	2013,1	2,1393	6,5819
807,5	2784,3	1976,7	2,2356	6,5036
852,4	2790,9	1938,6	2,3307	6,4278
897,7	2796,2	1898,5	2,4247	6,3539
943,7	2799,9	1856,2	2,5178	6,2817
990,3	2802,0	1811,7	2,6102	6,2107
1037,6	2802,2	1764,6	2,7020	6,1406
1085,8	2800,4	1714,6	2,7935	6,0708
1134,9	2796,4	1661,5	2,8848	6,0010
1185,2	2789,9	1604,6	2,9763	5,9304
1236,8	2780,4	1543,6	3,0683	5,8586
1290,0	2767,6	1477,6	3,1611	5,7848
1345,0	2751,0	1406,0	3,2552	5,7081
1402,4	2730,0	1327,6	3,3512	5,6278
1462,6	2703,7	1241,1	3,4500	5,5423
1526,5	2670,2	1143,6	3,5528	5,4490
1595,5	2626,2	1030,7	3,6616	5,3427
1671,9	2567,7	895,7	3,7800	5,2177
1764,2	2485,4	721,3	3,9210	5,0600
1890,2	2342,8	452,6	4,1108	4,8144
2107,4		0	4,4429	

Tabelle 8. Spezifische Heizwerte H_u und molare Heizwerte $\bar{H}_u$ von Brennstoffen bei isobarer Verbrennung (vgl. Bedingungen in Abschnitt X § 1)

Brennstoff	M $\frac{kg}{kmol}$	H_u $\frac{kJ}{kg}$	$\bar{H}_u$ $\frac{kJ}{mol}$
Kohlenstoff C (amorph)	12,011	33 900	406,8
Kohlenstoff C (Graphit)	12,011	32 780	393,7
Wasserstoff H_2	2,016	119 890	241,7
Schwefel S	32,064	9 250	296,6
Kohlenmonoxid CO	28,011	10 100	283,0
Methan CH_4	16,039	50 050	802,7
Acetylen C_2H_2	26,036	48 200	1255
Propan C_3H_8	44,094	46 380	2045,1

Sachverzeichnis

Bei Fragen zur Produktsicherheit wenden Sie sich bitte an:
If you have any questions regarding product safety,
please contact:

Walter de Gruyter GmbH
Genthiner Straße 13
10785 Berlin
productsafety@degruyterbrill.com